U0553044

大模型应用开发

方法与案例

郑天民 ■著

机械工业出版社
CHINA MACHINE PRESS

图书在版编目（CIP）数据

大模型应用开发：方法与案例 / 郑天民著 .

北京：机械工业出版社，2025. 7. -- (智能系统与技术
丛书). -- ISBN 978-7-111-78527-9

Ⅰ. TP18

中国国家版本馆 CIP 数据核字第 2025P312K7 号

机械工业出版社（北京市百万庄大街 22 号 邮政编码 100037）

策划编辑：李梦娜		责任编辑：李梦娜	
责任校对：张勤思 马荣华 景 飞		责任印制：单爱军	

保定市中画美凯印刷有限公司印刷

2025 年 7 月第 1 版第 1 次印刷

186mm×240mm · 13.25 印张 · 285 千字

标准书号：ISBN 978-7-111-78527-9

定价：89.00 元

电话服务	网络服务
客服电话：010-88361066	机 工 官 网：www.cmpbook.com
010-88379833	机 工 官 博：weibo.com/cmp1952
010-68326294	金 书 网：www.golden-book.com
封底无防伪标均为盗版	机工教育服务网：www.cmpedu.com

前　言

当下，大语言模型（Large Language Model，LLM）得到了越来越广泛的应用，但很多人对 LLM 的应用仅限于简单的聊天场景，而未将 LLM 的力量和日常工作紧密结合起来。尤其作为开发人员，我们对于 LLM 的理解往往停留在理论知识层面，而不知道如何将 LLM 与日常的业务场景和开发需求结合起来，从而构建一套能够落地的实践方案。当面对企业内部的各种信息时，我们需要提炼这些信息，并采用合适的媒介对其进行存储，进而构建自定义的、具有高度灵活性的智能化人机交互机制。这就需要应用与 LLM 相关的一组模型和技术组件，包括文本和文档处理、图像处理、嵌入模型、向量数据库等。如何将这些组件和 LLM 集成起来构建企业级的应用系统呢？一方面，需要对 LLM 主流的开发框架有足够的了解；另一方面，也需要结合具体的业务场景给出设计和实现方案，从而确保 LLM 应用落地。

本书是一本案例驱动的 LLM 应用开发指南，非常适合具备一定编程基础的读者学习。通过本书，读者可以在短时间内掌握多种类型的 LLM 应用的开发方法，以及基于现实中的业务场景设计并实现符合用户真实诉求的 AI 系统。对此，本书提供了丰富的"即插即用"的案例代码和最佳实践。

在内容组织上，本书分为 8 章，全面阐述 LLM 应用的技术体系、开发模式和落地案例，具体来说：

❏ 第 1 章：构建大语言模型应用开发体系，总领全书。本章先介绍 LLM 的基本概念和应用场景，然后介绍 LLM 应用开发的核心技术，并引出主流的集成性开发框架。

❏ 第 2～8 章：分析大语言模型应用的场景案例，即基于常见业务场景，梳理 LLM 应用的系统架构和实现过程，并采用主流的开源框架完成案例场景的开发落地。每章讲解一个系统案例，包含翻译器工具、通用的文档检索助手、纠错型 RAG 应用、智能化的简历匹配服务、多模态处理器、定制化 Agent 开发、混合 Agent 架构设计 7 个具体的案例。针对每一个案例，本书都提供具体的应用场景分析和系统架构设计，强调其背后通用的设计思想和应用方法。同时，案例中结合 LangChain、

LangChain4j、LlamaIndex 这三款主流的开发框架，详细介绍其功能特性、使用方法和开发实现。

本书面向的读者主要有如下 3 类：

❑ **掌握一定编程语言和技术知识、对 LLM 应用开发有实际需求的技术人员。** 这类读者需要将 LLM 技术应用到现实场景中来解决实际问题，但对 LLM 及其相关技术体系缺乏足够的了解，迫切需要一份开发指南来指导日常开发工作。本书可以帮助这类读者解决现实中的问题，并提供可参考的最佳实践。

❑ **对 LLM 有兴趣、希望体验 LLM 应用开发的广大开发人员。** 这类读者受到 LLM 技术的冲击和吸引，想要对 LLM 应用开发有全面的了解，但未找到适合入门的实战类书籍来帮助自己快速掌握 LLM 的基本概念和核心技术。本书可以帮助这类读者快速理解并上手 LLM 应用开发框架，并为其提供可供演练的案例场景。

❑ **系统架构分析和设计人员。** 这类读者对传统企业级应用的设计和开发过程已经有足够的认识，但缺少将业务架构与 LLM 融合的相关认知和经验。本书可以帮助他们构建体系化的 LLM 知识体系，帮助其更好地完成与 LLM 融合的架构分析和设计工作。

本书由案例驱动，结合日常开发过程中的常见业务需求，梳理了一系列典型的 LLM 应用开发场景，并实现了 7 个完整的案例。这些案例涵盖主流开发框架的核心技术组件、完整的架构设计方案以及详尽的代码实现过程。通过实践这些案例，开发人员可以锻炼出从业务场景中提炼 LLM 应用开发需求，进而完成应用设计与实现的综合性能力。

首先，感谢我的家人，特别是我的妻子章兰婷女士，她对我不得不占用大量家庭时间进行写作的情况给予了极大的理解和支持。然后，感谢现在及以往公司的同事们，因为在业界领先的公司和团队中，我得到很多学习和成长的机会。没有这些锻炼和积累，就不可能有这本书的诞生。

本书中的案例代码已全部于 https://github.com/tianminzheng/llm-application-development 开源，有需要的读者可自行查阅。尽管本书在写作过程中已再三核对，但书中仍难免有不当和错误之处，恳请读者批评指正，欢迎发送邮件至邮箱 tianyalan25@163.com。另外，在抖音与 B 站搜索关注账号"郑天民"，可获取更多技术干货与案例讲解。

郑天民

2025 年 4 月于杭州钱江世纪城

C O N T E N T S

目　录

第 1 章

大语言模型应用开发体系

当下，LLM（Large Language Model，大语言模型）技术的发展如火如荼。而对于广大开发人员而言，LLM 应用开发体系是其需要掌握的核心知识。这一体系涵盖从应用场景到核心技术再到系统实现的全流程，开发者需要引入合适的框架来设计并实现 LLM 应用。在本章中，我们将从 LLM 的应用场景出发，深入分析 LLM 应用（包括多模态模型应用）开发所需的一系列核心技术，并引出对应的 LLM 集成性开发框架。

1.1 大语言模型应用开发概述

虽然 LLM 非常热门，但是很多开发人员对于 LLM 的理解程度仍停留在理论知识层面，而不知道如何将 LLM 与日常的业务场景和需求结合起来，以及进一步构建一套能够落地的实践方案。在本节中，我们将从 LLM 的典型应用场景出发，详细分析开发一款 LLM 应用所需的各项核心技术。

1.1.1 大语言模型应用场景

在引入具体的技术体系和开发框架之前，我们先来讨论 LLM 的基本应用场景，包括文本处理、对话系统、检索增强生成以及多模态内容处理。

1. 文本处理

对于 LLM 而言，文本处理是最基础的一类应用场景，常见的操作包括结构化数据提取和文本分类。

（1）结构化数据提取

在现实中，我们需要处理的数据可能非常复杂，而想要获取的响应结果也不仅仅是基础数据结构，还有各种自定义的业务领域对象。这时候我们需要引入更加灵活而强大的数据提取工具。借助 LLM，我们能很容易地实现对目标数据的结构化提取，从而具备更出色的数据处理能力。

（2）文本分类

LLM 在文本处理上的另一个典型应用场景是文本分类（Classification）。文本分类是自然语言处理领域中的一个常见任务，它涉及将文本数据自动分配到一个或多个预定义的类别中。这种技术被广泛应用于信息检索、内容过滤、情感分析、主题检测等多种场景。文本分类模型能够理解文本内容并根据其语义信息进行分类。

2. 对话系统

在 LLM 领域，对话系统也是非常常见的一类应用。对话系统是一个比较宽泛的名词，指的是能够进行自然语言对话的软件系统。它们可以用于各种应用场景，包括客户服务、信息查询、虚拟助理等。对话系统的核心功能是理解用户的输入（通常是文本）并生成适当的响应，通常包括以下几个环节：

- ❑ 理解（Understanding）：分析和解释用户的输入。
- ❑ 对话管理（Dialogue Management）：决定如何回应用户，以及管理对话的状态和上下文。
- ❑ 生成（Generation）：生成自然语言响应。

对话系统可以是基于规则（使用预定义的规则和模式）或基于数据驱动（使用机器学习模型，如 LLM）的。如果是后者，那么就需要引入另一个非常重要的概念——**聊天模型**。聊天模型通常是专门设计用来进行闲聊和非正式对话的，它们的主要目标是提供自然、流畅的对话体验，而非解决特定任务或提供精确的信息。聊天模型通常注重对话的流畅性（生成自然、连贯的对话）和多样性（能够处理多种话题并产生富有创意和有趣的响应）。

在实际应用中，聊天模型往往是对话系统的一部分，尤其是在需要与用户进行自由交流和互动的场景中。

3. 检索增强生成

什么是检索增强生成？它的英文是 Retrieval-Augmented Generation，简称 RAG。RAG 是当下热门的 LLM 前沿技术之一，也可以说是 LLM 最为核心的应用场景之一。简单来说，RAG 是一种在将提示词发送给大语言模型之前，从外部知识库中找到相关信息片段并将其注入提示词的方法。这样，LLM 将获得与输入相关的信息，并能够利用这些信息进行回复。这种做法可以降低幻觉（Hallucination）出现的概率。所谓的幻觉，通常指的就是 LLM 在生成文本时产生的错误或不准确的信息。

RAG 是近年来在自然语言处理领域中非常活跃的一个研究方向，许多研究者和开发者正在探索其在不同应用场景中的潜力。RAG 具备如下典型的优势：

- ❏ **提高准确性**：通过检索相关文档，RAG 可以提高生成内容的准确性。
- ❏ **增强上下文理解**：RAG 能够利用检索得到的文档提供更丰富的上下文信息，帮助模型更好地理解输入。
- ❏ **灵活性**：RAG 可以应用于多种不同的任务和领域，具有较高的灵活性和适应性。

RAG 的应用场景非常广泛，它可以基于目前主流框架的技术支持，实现强大的知识库系统、智能客服平台以及数据分析平台等业务系统。原则上，只要你积累了足够的所需数据，那么就可以利用 RAG 来优化你的数据管理流程。

4．多模态内容处理

基于对话系统和 RAG 的自然语言交互是 LLM 最核心的功能，但不是它的全部功能。多模态（Multimodal）内容处理也是当下 LLM 非常重要的一类应用场景。多模态 LLM 涉及各种先进的方法和架构，它们被设计用于处理不同模态的数据，并完成与文本内容的整合。在日常开发过程中，常见的多模态内容处理包括图像处理、语音处理和视频处理。

（1）图像处理

图像处理通常包括两部分内容，一部分是图像生成，另一部分是图像解析和编辑。其中，图像生成的应用非常广泛。我们来举个例子：借助于 LangChain4j 的图像模型（ImageModel），开发人员想要生成一幅图像是非常简单的事情，通过如代码清单 1-1 所示的几行代码就能实现这一目标。

代码清单 1-1　使用 LangChain4j ImageModel 生成图像的示例代码

```
ImageModel model = OpenAiImageModel.withApiKey(apiKey);
Response<Image> response = model.generate("生成一幅关于杭州西湖的图像");
System.out.println(response.content().url());
```

这里我们利用的是 OpenAI 公司开发的一款图像处理模型 DALL-E，它能够根据用户输入的自然语言描述生成图像。基于上述代码，我们可以从 Response 对象中获取所生成图像的 URL 地址，访问这个地址就可以获取整个图像的信息了。

前面演示的是 ImageModel 最基础的图像生成方法，我们输入的是一串固定的文本描述。但在现实中，用于描述图像的文本输入往往是动态的。例如，我们可以基于不同的文档来动态生成目标图像，这时候就需要把 ImageModel 和 RAG 的执行过程整合在一起，从而构建高度灵活和可扩展的图像生成方案。

现实中我们也有从图像中获取文本信息的需求。考虑这样一种场景：我们有很多张图片，并希望基于这些图片背后的含义对它们进行分类管理。这时候就需要理解每一张图片所包含的内容。针对这一场景，我们可以使用"图像文本提取"功能来实现这类分类目标。为此，我们需要构建这样一种能力——把图像作为输入而不是输出来与 LLM 进行交互。借助于 LLM 和主流的集成性开发框架，我们不仅能够生成图像，还可以对已有图像进行解析。

此外，Vertex AI 等大模型服务平台也提供了让开发人员进行图像编辑的技术支持。我们可以传入一个提示词对目标图像进行编辑，也可以在编辑过程中为目标图像添加一个掩码（Mask）图像。

（2）语音和视频处理

目前，如 GPT-4、PALM-E 和 LLaVA 等多模态 LLM 已经开始探索理解多模态信息的能力，包括视觉和语音等模态。这些模型试图将不同模态的数据统一表示为离散单元并进行集成，通过预训练和指令微调，进而具有多模态理解和生成的能力。

当前的"语音－语言"模型主要采用级联模式，即将 LLM 与自动语音识别（Automatic Speech Recognition，ASR）模型或文本到语音（Text To Speech，TTS）模型串联连接，或者将 LLM 作为控制中心与多个语音处理模型集成以涵盖多个音频或语音任务。

例如，OpenAI 在语音方面提供了 Whisper 模型。Whisper 是 OpenAI 于 2022 年 12 月发布的语音处理系统，它不仅具有语音识别能力，还具备语音活性检测、声纹识别、语音翻译等能力。Whisper 是一个端到端的语音系统，相比于之前的端到端语音识别，它通过在多语言和多任务的监督数据上进行训练，提高了对口音、背景噪声和技术术语的识别能力。而 OpenAI 开发的视频处理模型 Sora 也非常强大。Sora 能够将静态图像或已有视频作为输入，完成视频内容延伸、缺失帧填充或风格转换等操作。同时，Sora 对文本的深度理解能力也是一个重要优势，它能够根据文本指令生成具有丰富细节和情感的角色以及生动的场景。

1.1.2 大语言模型应用开发的核心技术

现在，我们已经明确利用 LLM 能够做哪些事情，那下一步就是讨论如何来做这些事情，从而满足不同场景的定制化需求。为此，我们需要引入一组 LLM 应用开发的核心技术，包括聊天模型、提示工程、聊天记忆、工具和函数调用、文本嵌入以及向量数据库。

1. 聊天模型

想要利用 LLM 构建应用程序的开发人员，往往需要调用不同的模型来满足不同的功能需求。显然，不同模型的调用方式是不一样的，这无疑增加了开发的难度。为此，诸如 LangChain 和 LangChain4j 这样的集成性开发框架首先解决的就是与模型的交互问题，这部分交互往往被称为模型 IO。本质上，模型 IO 就是对各个模型平台的功能进行封装，并以 API 的形式呈现。

让我们先从模型 IO 的交互过程开始讲起，图 1-1 展示了这一过程的具体环节。

图 1-1 非常经典，生动地展现了模型 IO 的 3 个组成部分：

- ❏ **输入提示**：对应"格式化"部分，作用是组装用户输入和提示词模板，作为模型的输入。
- ❏ **模型调用**：对应"预测"部分，作用是调用 LLM 接口获得结果。
- ❏ **输出解析**：对应"解析"部分，作用是对 LLM 的结果进行解析，将 LLM 的输出转换到要求的格式（如 JSON），或者对输出进行校验等。

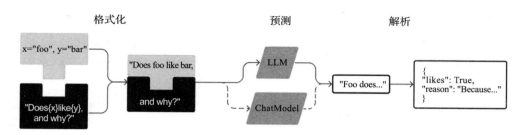

图 1-1　模型 IO 的组成部分和交互过程

针对主流的 LLM 开发框架的结构，我们同样可以梳理模型 IO 各个部分对应的技术组件：

❑ 输入提示：涉及提示词（Prompt）和提示词模板（PromptTemplate）。
❑ 模型调用：涉及 LLM 提供的聊天模型（ChatModel）。
❑ 输出解析：涉及输出解析器（OutputParser）。

通过内置的一组即插即用的工具组件，主流的 LLM 开发框架能为我们提供非常高效的开发体验。例如，基于 LangChain 框架，我们可以实现如代码清单 1-2 所示的模型 IO 的交互过程。

代码清单 1-2　基于 LangChain 框架的模型 IO 的交互过程

```
llm = OpenAI()
chain = LLMChain(llm=llm, prompt=prompt)
output_json = chain({'text': text})
```

关于上述代码的执行过程和效果，我们会在第 2 章具体展开。这里我们只需要明确一点，开发人员只需要通过几行代码就可以与 LLM 进行交互，而模型 IO 的背后则是这些框架对模型服务的封装。

介绍完模型 IO 的交互过程，我们再来看模型所提供的 API。目前，业界主流的 LLM 提供了两种 API 类型，即**语言模型 API** 和**聊天语言模型 API**。

语言模型比较通用，其 API 也非常简单，它们接收一个字符串作为输入，并返回一个字符串作为输出。这种 API 正在逐渐被聊天语言模型（也可以直接简称为聊天模型）API 所取代。

聊天模型的 API 使用聊天消息（ChatMessage）对象作为输入和输出。聊天消息通常包含文本，但一些 LLM 也支持文本和图像的混合，如 OpenAI 的 GPT-3.5 Turbo 和 Google 的 Gemini Pro。

2. 提示工程

前面我们分析了 LLM 的封装过程，基于这一封装过程，开发人员只需要使用一套标准的 API 及参数就可以轻松构建一个聊天模型。现在，我们已经有了聊天模型，下一步就要讨论业务系统与模型之间的交互过程了，这就需要使用各种提示词。在 LLM 领域，提示词的创建和管理是一个专门的技能，我们称之为提示工程（Prompt Engineering）。

当你访问 ChatGPT 等 LLM 工具时，相信你一定经历过如代码清单 1-3 所示的交互过程。

代码清单 1-3　与 ChatGPT 的交互过程示例

你的输入：今天是几号？
LLM 的输出：今天是 2024 年 11 月 7 日，星期四。

你的输入：离元旦还有几天？
LLM 的输出：从 2024 年 11 月 7 日到 2025 年 1 月 1 日，还有 55 天。

你的输入：请给出计算过程
LLM 的输出：......

上述交互过程非常简单，其中，你的所有输入就是一个个提示词。在使用 ChatGPT 等 LLM 时，提示词的设计是关键，它能直接影响回答的质量和相关性。那么，提示词的组成结构是怎么样的呢？一般认为，提示词主要由下面 3 个部分组成。

（1）问题或指令

提示词的核心是一个明确的问题、请求或指令，用来明确模型需要生成的内容。例如，在上述聊天中，你给出的"今天是几号？"就是一个明确的问题。

（2）上下文信息

所谓的上下文（Context）和我们在开发软件过程中所提及的上下文的概念非常类似，它的作用就是为模型在聊天过程中划定一个信息范围或者补充额外的信息，从而让模型能更好地执行你的指令。在上述示例中，当你向模型发出"离元旦还有几天？"这个提示词时，模型能够从上下文中理解你想问的是从 2024 年 11 月 7 日到 2025 年 1 月 1 日之间的天数。

（3）输出要求

这是指你需要模型的回答所遵照的要求，可以是格式、条数这类具体的要求，也可以是回答风格等相对灵活的要求。例如，在上述聊天过程中，你希望 ChatGPT 给出从"今天"到元旦之间的天数的详细计算过程。

在技术上，提示词就是一个静态的字符串，用于指导模型生成输出。提示词的灵活性较低，一旦定义，通常无法轻易改变其结构或内容。因此，就应用场景而言，提示词适用于那些不需要频繁变化或个性化设置的任务，它主要提供固定的、简单明了的指导信息。

那么，提示词应该如何构建呢？我们可以借助 PromptTemplate 这个提示词模板工具类来实现这一目标，因为现实场景中一个静态的字符串往往无法满足需求。为此，LangChain、LangChain4j 和 LlamaIndex 等主流的 LLM 开发框架都专门提供了 PromptTemplate 这个提示词模板类。

3. 聊天记忆

在与 LLM 聊天的过程中，有时候我们希望 LLM 能够记住与我们的对话内容，以便在后续对话中提供与上下文相关的回答。这里的上下文可以包含对话历史、用户偏好、会话状态等信息。显然，在聊天过程中添加记忆功能能够提升用户体验，主流的 LLM 开发框架也为我们提供了一个专门的组件，即聊天记忆（ChatMemory）。

LLM 初始是无状态（Stateless）的，这意味着它们不维护对话的状态。因此，如果你想要 LLM 支持多轮对话，就应该注意管理对话的状态。例如，假设你想要构建一个聊天机器人，使用户和聊天机器人之间能实现如代码清单 1-4 所示的一个简单多轮对话。

代码清单 1-4　一个简单多轮对话示例

```
你的输入：你好，我是张三。
LLM 的输出：您好，张三，我能帮您什么吗？

你的输入：我叫什么名字？
LLM 的输出：张三。
```

请注意，想要实现以上效果就需要 LLM 具备状态性，具体的做法是在每次聊天时把先前已经发送过的聊天消息全部再发送一遍。通过将多个聊天消息作为输入，LLM 能够理解对话的上下文和流程，从而能够在多个轮次上生成更相关和更连贯的回复。但是，手动维护和管理这些消息是烦琐的。为此，我们引入了"聊天记忆"这个概念。聊天记忆在整个多轮对话中的作用如图 1-2 所示。

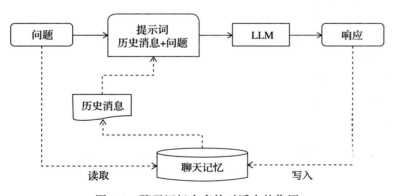

图 1-2　聊天记忆在多轮对话中的作用

从图 1-2 中可以看到，一个聊天记忆组件需要支持两个基本操作，即读取和写入。在多轮对话中，一些输入直接来自用户，但有些输入则来自聊天记忆。而在一次典型的对话交互过程中，聊天模型至少要和聊天记忆进行两次交互。首先，在接收到初始用户输入之后但在执行核心逻辑之前，聊天模型将读取聊天记忆并扩充用户输入，这个步骤有点类似于缓存读取操作。然后，在执行核心逻辑之后但在返回响应之前，聊天模型会把当前运行的输入和输出写入聊天记忆，以便在未来的运行中引用它们，这个步骤有点类似于缓存写入操作。

根据使用的内存算法，聊天记忆可以以各种方式修改聊天记录：清除一些消息、汇聚多个消息、汇聚分开的消息、从消息中删除不重要的细节、向消息中注入额外信息（如用于RAG 的信息）或指令（如用于结构化输出的指令）等。在后面的很多案例中，我们都会引入聊天记忆功能来构建更为强大的 LLM 应用。

4. 工具和函数调用

在和 LLM 的对话过程中，有时候我们希望能够引入一些自定义的业务逻辑来干预 LLM 的返回结果。通过这种做法，开发人员可以极大地丰富对话的输出内容，并构建定制化的交互体验。这一做法的灵感来自这样一个事实：有些 LLM 除了能生成文本之外，还可以触发一定的动作（Action）。针对这一事实，在 LLM 中出现了一个被称为**工具**（Tool）或**函数调用**（Function Calling）的概念。在本书中，因为中文的"工具"一词过于通用，很容易混淆，所以我们统一使用 Tool 这个英文名词来定义这个概念。LLM 在必要时可以调用一个或多个可用 Tool 组件，这些 Tool 组件通常由开发人员根据业务需求进行定义。

广义上讲，Tool 组件可以执行任何任务：网络搜索、调用外部 API，或者执行特定的代码片段等。LLM 实际上不能自己调用 Tool。但是，它们可以在响应中表达调用特定 Tool 的意图，而不是仅响应纯文本。作为开发人员，我们应该基于 LLM 提供的参数执行 Tool，并反馈 Tool 执行的结果。

在对 LLM 的请求中声明一个或多个 Tool，LLM 可以在必要时调用它们。例如，我们知道 LLM 本身在数学计算上并不擅长，如果应用程序偶尔会涉及数学计算，那么你可能希望为 LLM 提供一个数学 Tool。给定一个数学问题以及一组数学 Tool，为了正确回答问题，LLM 可能会决定调用其中一个有效的数学 Tool。

讲到这里，你可能会觉得有点抽象，我们通过一些示例来进一步解释 Tool 的效果。假设我们向 LLM 发出"今天天气怎么样？"这个聊天请求，那么 LLM 一般会回复类似代码清单 1-5 所示的响应结果。

代码清单 1-5　询问天气时 LLM 的响应结果

> 我无法直接提供实时的天气信息，但我可以帮你搜索一下。如果你告诉我你所在的城市或地区，我可以为你查找相关的天气信息。或者，你也可以查看当地的天气预报服务获取最新的天气情况。

正如你所看到的，上述 LLM 的响应结果并不是你想要的。但对于 LLM 而言，它确实缺乏获取天气所需要的一组基础信息。这时候，我们就可以引入一个专门用来获取天气信息的 Tool 组件，该组件能够根据用户信息获取当前地理位置，并调用第三方 API 来获取实时的天气信息。

当 LLM 可以访问一组 Tool 时，它可以根据场景选择合适的 Tool 进行调用。这是一个非常强大的功能。想象一下，我们可以通过这种方式实现任何复杂的定制逻辑，例如，根据某个搜索工具找到目标信息，并把这些信息加工之后通过消息的形式发送给目标用户。

总的来说，LLM 需要 Tool 的主要原因在于扩展能力边界。LLM 本身在某些任务上存在局限性，如不具备数学或气象等特定领域的专业知识。Tool 组件可以为 LLM 赋予新的能力，使其能够完成更复杂的任务，如通过 SQL 查询数据库、执行代码等。另外，不同的应用场景需要不同的 Tool 组件。通过灵活使用各种 Tool 组件，LLM 可以适应不同的应用场景，提供更加定制化的服务。

5. 文本嵌入

嵌入（Embedding）在人工智能领域中是一个非常核心的概念，它能将高维数据映射到低维空间中，通常用于机器学习和自然语言处理等领域。在自然语言处理中，**文本嵌入**是一种将文本转换为固定大小的向量表示的技术。这些向量可以捕捉文本的语义信息，使得相似的文本在向量空间中的位置更接近。常见的文本嵌入方式包括词嵌入（Word Embedding）、句嵌入（Sentence Embedding）和文档嵌入（Document Embedding）等。通过这些嵌入技术，目标文本被映射为一个个固定长度的实数向量，这些向量可以用于机器学习模型和深度学习模型的输入。

举个例子，对于"杭州有一个西湖"这样一行文本，一种可能的嵌入结果如代码清单 1-6 所示。

代码清单 1-6　嵌入结果示例

```
[0.013737877, 0.0060141524, 0.023988498, 0.005595273, -0.033237897,
    0.021332191, -0.024873935, -0.008520616, 0.009017823, -0.03190293,
    -0.011006648, 0.012545944, 0.0020552326, 0.0046144826, -0.01855328,
    ...
0.0048733023, -0.007294629, 0.02569126, 0.021836208, 0.014943432, -0.01043452,
    -0.008561483, -0.012041926, 0.040784534, -0.004382907, 0.004168359,
    0.008316285, -0.0250374]
```

可以看到，嵌入的本质就是形成一个包含多维数据的向量。虽然这句文本非常短，但生成的嵌入结果非常长，这里只截取了很小一部分进行展示。通过嵌入操作，我们可以把多样化和复杂的数据转换到统一的高维空间中。在这种空间中，LLM 可以更有效地执行比较、关联和预测等操作。图 1-3 展示了包含 3 段文本的一个三维向量空间。

显然，图 1-3 所展示的效果对于开发人员而言偏底层，而嵌入的操作方法也都是偏底层的。通常情况下，应用程序的开发人员并不需要过多关注这些方法，因为应用程序操作的对象还是文本，而不是嵌入。这时候我们就需要引入嵌入模型（Embedding Model）来实现文档和嵌入之间的转换。业界主流的嵌入模型平台包括 OpenAI、Hugging Face、Ollama、Anthropic 等。基于这些第三方平台，LangChain、LangChain4j 和 LlamaIndex 等 LLM 开发框架要做的事情就是集成它们的官方 API 并获取嵌入结果。

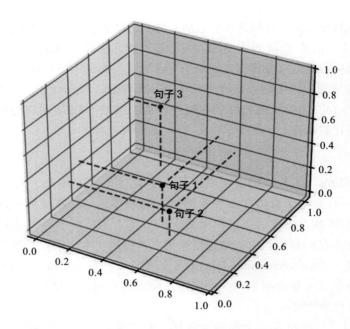

图 1-3   三维向量空间效果图

6. 向量数据库

当获取到文本的嵌入结果后，下一步要做的事情就是把它们存储起来以便执行后续的检索操作。存储向量的媒介就是向量数据库（Vector Database）。向量数据库允许存储和高效搜索相似的嵌入。

向量数据库是专门用来存储和查询向量的数据库，其存储的向量来自由文本、语音、图像、视频等转换的向量化数据。与传统数据库相比，向量数据库可以处理更多模态的数据，比如图像和音频。正如前面所介绍的，在机器学习和深度学习领域，数据通常以向量形式表示。

业界可供选择的向量数据库有很多，既包括 Pinecone、Chroma 这样的专用向量数据库，也包括 Elasticsearch、Redis、Neo4j、MongoDB 等在常规软件系统开发领域中应用非常广泛的 NoSQL 数据库，这些数据库均支持对嵌入的存储操作。主流的 LLM 开发框架为开发人员提供了大量向量数据库的集成实现方案。

与向量数据库相关的一项核心技术为评分模型（Scoring Model）。为什么需要使用评分模型？这是因为 LLM 在执行检索的过程中，其生成的所有结果并非都真正与用户查询相关。在初始检索阶段，我们通常倾向于使用更快且成本效益更高的模型来获取相应结果，特别是在处理大量数据时。使用这种设计方法是为了追求性能和质量之间的平衡，但可能导致检索质量较低。如果直接将这种相关性不高的检索结果提供给 LLM，那么 LLM 的处理成本可能很高，甚至会导致错误。因此，在第二阶段，我们可以使用更高级的模型对在第一阶段获得的检索结果进行重新排序，并消除不相关的结果。这个过程被称为**重排序**（Re-Ranking），重排序就需要用到评分模型。我们会在后续案例的实现过程中介绍评分模型的具体使用场景和方法。

1.2　大语言模型集成性开发框架

在 LLM 领域，目前市面上涌现了包括 GPT 系列在内的众多大语言模型。对于大多数开发人员而言，其工作不是开发模型本身，而是更好地利用模型的能力来满足业务场景的需求，这时候就需要引入合适的集成性开发框架。所谓集成性开发框架，相当于把各个 LLM 接口做成了一套统一的标准 API，开发人员用一套 API 就可以调用不同的模型。在本节中，我们将讨论这些集成性开发框架的设计目标和功能特性，并就目前市面上主流的代表性框架展开讨论。

1.2.1　集成性开发框架的功能特性

正如前面所讨论的，LLM 集成性开发框架的设计目标是简化将 LLM 集成到应用程序中的过程，并为开发人员提供一组即插即用的开发组件。

包括 OpenAI、Google 在内的 LLM 供应商提供了一套专用的 API 给开发人员，如果我们想要使用其 LLM 的能力，就需要分别对接这些 API。这点对于 Pinecone、Chrome 等向量数据库而言也是一样的。显然，这类 API 对接工作非常烦琐。而集成性开发框架提供了统一的 API，开发人员无须专门学习和实现每类 API。如果想要尝试不同的 LLM 或向量数据库，那么利用集成性开发框架，你可以轻松地在它们之间切换，而无须重写代码。目前，LangChain 等主流的集成性开发框架通常都支持大量主流的大语言模型和向量数据库。

此外，集成性开发框架将与业界主流的 LLM 相关的抽象、模式和技术加以改进，形成一组可供直接使用的开发套件。集成性开发框架的开发套件包括提示词模板、聊天记忆管理、输出解析器和各种 RAG 组件。并且，对于每个组件，集成性开发框架均提供了一个高度抽象的接口以及多个即插即用的具体实现。无论是构建聊天机器人，还是开发从数据提取到检索的完整 RAG 应用，集成性开发框架都提供了多种选择。

接着来看集成性开发框架的功能。我们认为对于一个 LLM 集成性开发框架而言，有些功能特性是必须具备的，常见的包括对提示工程的支持、对聊天模型的支持、对聊天记忆的支持以及各种针对聊天过程的定制化 Tool 组件。这些功能特性都可以归于聊天功能，因为一旦脱离这些功能，开发人员就很难完成与 LLM 的交互。同时，集成性开发框架也分别从数据提取（Ingestion）和信息检索（Retrieval）两个维度为开发人员提供了一组高效的 RAG 开发组件，方便开发人员基于特定业务场景实现自定义的数据处理机制。

对于集成性开发框架，我们也可以把与主流工具和平台相关的集成性特性提取成一类核心功能。除了与 LLM 和向量数据库实现集成之外，集成性开发框架还集成了多个嵌入模型、图像模型、评分模型，以及部分 LLM 所支持的内容审查模型（Moderation Model）。开发人员通常只需要通过几行代码就能完成与这些模型的有效集成。

集成性开发框架的功能特性十分丰富和强大，这里只进行简要的描述。随着后续内容的推进，对于上述功能特性，我们都会一一详细展开。

1.2.2　代表性开发框架

我们将基于具体的案例系统来介绍目前主流的 LLM 集成性开发框架，包括 LangChain、LangChain4j 和 LlamaIndex 这 3 款开源框架。下面我们先来对这 3 款框架做简要的介绍。

1. LangChain

基于 LangChain 官方网站的介绍，我们知道它是一个用于开发由 LLM 驱动的应用程序的框架。LangChai 框架的主要特点包括：

- **模块化构建**：提供一套模块化的构建块和组件，便于集成到第三方服务中，帮助开发者快速构建应用程序。
- **生命周期支持**：涵盖应用程序的整个生命周期，从开发到部署，确保每个阶段顺利进行。
- **开源与集成**：提供开源库和工具，支持与多种第三方服务的集成。
- **生产化工具**：提供 LangSmith 平台，用于开发 LLM 应用程序。
- **部署**：提供 LangServe 平台，允许将 LangChain 链作为 REST API 进行部署，方便应用程序的访问和使用。

图 1-4 来自 LangChain 官网，展示了 LangChain 框架的整体架构。

具体来说，LangChain 框架由以下开源库组成：

- langchain-core：实现基础抽象和 LangChain 表达式（LCEL）。
- langchain-community：用于第三方集成。
- 合作伙伴库：如 langchain-openai、langchain-anthropic 等，一些集成库已被进一步拆分为独立的轻量级库，仅依赖 langchain-core。
- LangChain：组成应用程序基本架构的链、Agent 和检索策略。
- LangGraph：通过将步骤建模为图中的边和节点，构建强大且有状态的应用程序。LangGraph 能与 LangChain 无缝集成，也可以单独使用。
- LangServe：将 LangChain 链部署为 REST API。
- LangSmith：作为一个开发者平台，支持开发人员调试、测试、评估和监控 LLM 应用程序。

开发人员需要重点掌握 LangChain 所提供的一组开发组件，表 1-1 展示了这些组件的名称以及它们的输入和输出类型。

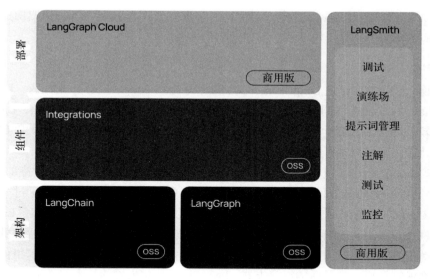

图 1-4 LangChain 框架整体架构

表 1-1 LangChain 开发组件列表

组件	输入类型	输出类型
提示词	字典	提示值
聊天模型	单个字符串、聊天消息列表或提示值	聊天消息
LLM	单个字符串、聊天消息列表或提示值	字符串
输出解析器	LLM 或聊天模型的输出	取决于解析器
检索器	单个字符串	文档列表
Tool	单个字符串或字典,取决于 Tool	取决于 Tool

在 LangChain 中,链和 Agent 是两个核心概念。所谓的链,是指一系列按顺序执行的任务或操作,这些任务通常涉及与语言模型的交互。链可以看作处理输入、执行一系列决策和操作,并最终产生输出的流程。链可以从简单的单一提示词和语言模型调用,扩展到涉及多个步骤和决策点的复杂流程。

而 Agent 是 LangChain 中更为高级和自主的实体,负责管理和执行链。Agent 可以决定何时以何种顺序、何种方式执行链中的各个步骤。通常,Agent 基于一组规则或策略来模拟决策过程,能够观察执行结果并根据这些结果调整后续行动。Agent 的引入使得 LangChain 能够构建更为复杂和动态的应用程序,如自动化聊天机器人或个性化问答系统。

如果你想要在应用程序中引入 LangChain 框架,可以使用如代码清单 1-7 所示的命令。

代码清单 1-7 LangChain 框架安装命令

```
pip install langchain
```

我们会基于 LangChain 构建翻译器工具、多模态处理器和混合 Agent 架构这 3 个案例系统，对应的内容分别位于第 2 章、第 6 章和第 8 章。

2. LangChain4j

现在你已经知道什么是 LangChain，我们接下来介绍 LangChain4j。请注意，LangChain4j 与 LangChain 的开发者不同，也不属于同一个开源家族。相比于 LangChain，LangChain4j 是一个比较新的框架，它学习了 LangChain 的设计精神，并汲取了 Haystack 和 LlamaIndex 的部分设计经验，从而尽可能快速、高效地开发 LLM 应用程序。

LangChain4j 是 Java 领域中一款优秀的 LLM 集成性开发框架，目前支持 15 个以上的 LLM 和大量主流的向量数据库。目前，LangChain 中的链和 Agent 组件由于过于复杂常被诟病，而 LangChain4j 对这些组件进行了优化并提供了一套自己的解决方案。LangChain4j 在技术组件的设计上很有特色。对于一个成熟的框架而言，"抽象"是一个永恒的话题。面向用户的 API 需要抽象，用于满足不同应用场景的需求。而框架内部的技术组件同样需要抽象，从而能够形成一种灵活的组合方式。LangChain4j 对内置的技术组件进行了两级抽象，即低阶（Low-Level）组件和高阶（High-Level）组件。

（1）低阶组件

在这个级别上，开发人员可以访问聊天模型、聊天消息、嵌入和向量数据库等。这些组件构成了 LangChain4j 的底层能力，也是该框架直接和 LLM 交互的媒介。对于开发人员而言，低阶组件存在的价值是可以完全控制开发和运行时的细节，但需要编写更多的粘合代码来实现业务逻辑。

（2）高阶组件

在这个级别上，我们使用 AI 服务的高阶 API，它会隐藏所有复杂的底层交互，并为开发人员提供样板代码。我们仍然可以灵活控制底层代码的运行过程，并对 LLM 的行为进行微调，但这些都需要以声明性的方式进行操作。这使得使用 LLM 变得更加简单和高效，特别是在需要快速集成的情况下。

通过这两个级别的组件，LangChain4j 实现了灵活性和便利性之间的平衡，让开发者可以根据具体需求选择合适的交互方式。

图 1-5 来自 LangChain4j 的官方网站，我们可以结合 LangChain4j 的功能特性和两级抽象过程来更好地理解这些技术组件的类型与定位。

接下来，我们对 LangChain4j 的代码工程和包结构进行梳理，来看看这款开源框架的代码是如何组织的。

LangChain4j 采用模块化设计，包括以下几个核心模块：

❑ **langchain4j-core 模块**：该模块定义了 LangChain4j 的核心抽象和它们的 API，如 ChatLanguageModel 和 EmbeddingStore。该模块提供了 LangChain4j 的基础构建块，用于管理和操作低阶技术组件。

❑ **主 langchain4j 模块**：该模块包含了一些实用工具类，如 ChatMemory（聊天记忆）、OutputParser（输出解析器），以及高级功能，如 AIServices（AI 服务）。这些工具和功能不仅使得 LangChain4j 更加方便和高效，还提供了对 LLM 更高级别的抽象和集成。

❑ **各种 langchain4j-{integration} 模块**：这些模块各自提供了与各种第三方平台和工具的集成方案。每个 langchain4j-{integration} 模块独立提供对特定服务的支持，使得开发人员可以根据需要选择和集成不同的技术方案。这种模块化的设计使得 LangChain4j 具有很强的灵活性和可扩展性。

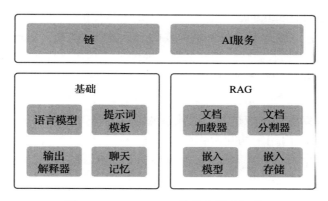

图 1-5　LangChain4j 的核心技术组件

通过在 langchain4j 主依赖的基础上引入各种 langchain4j-{integration} 模块，开发人员可以轻松获取额外的功能以满足具体的应用需求，同时保持系统的简洁和高效。LangChain4j 在底层使用 JDK 中的 SPI（Service Provider Interface，服务提供者接口）机制来实现模块化。

从框架的设计和实现角度讲，LangChain4j 也包含了良好的架构设计和工程实践。如果想在业务系统中引入 LangChain4j，那么你要做的事情就是添加如代码清单 1-8 所示的 Maven 依赖。

代码清单 1-8　LangChain4j Maven 依赖

```
<dependency>
    <groupId>dev.langchain4j</groupId>
    <artifactId>langchain4j</artifactId>
</dependency>
```

进一步地，如果我们想要在 LangChain4j 中使用 OpenAI 所发布的 LLM，则可以使用如代码清单 1-9 所示的 Maven 依赖。这里通过加载 langchain4j-open-ai 这个内置的开发库来完成与 OpenAI LLM 的集成。

代码清单 1-9　langchain4j-open-ai Maven 依赖

```
<dependency>
    <groupId>dev.langchain4j</groupId>
    <artifactId>langchain4j-open-ai</artifactId>
</dependency>
```

我们会基于 LangChain4j 构建通用文档检索助手、纠错型 RAG 应用和混合 Agent 架构这 3 个案例系统，相应内容分别位于第 3 章、第 4 章和第 8 章。

3. LlamaIndex

从定位上讲，LlamaIndex 和前面介绍的 LangChain 与 LangChain4j 有所不同。LlamaIndex 可以说是一款专注于 RAG 领域的 LLM 开发框架。LlamaIndex 提供了基于 LLM 获取、构建和访问私有或特定领域的数据的能力，并通过自然语言建立了业务系统和数据源之间的桥梁。这里的数据源可以是企业的数据库、Excel 等结构化的数据源，或者是搜索引擎、业务系统 API 等半结构化的数据源，而更常见的是文本、邮件、PDF、PPT、视频、音频、图片等非结构化的数据源。因此，从定位上讲，我们也可以把 LlamaIndex 看作一款数据开发框架，专门用来构建数据驱动的 LLM 应用程序。图 1-6 展示了 LlamaIndex 的基本工作流程。

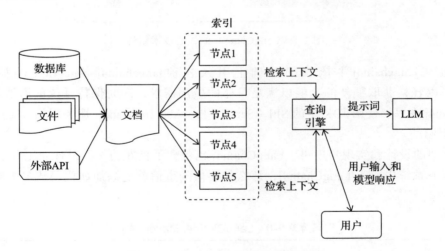

图 1-6　LlamaIndex 的基本工作流程

基于图 1-6，我们不难看出 LlamaIndex 的基本工作流程包含以下步骤：
①加载数据作为文档。
②将文档解析为连贯的节点。
③基于节点构建优化的索引。
④在索引上运行查询以检索相关节点。

⑤整合最终响应并返回。

这些步骤看起来和开发一个普通的数据应用程序并没有太大的区别，但 LlamaIndex 的价值在于能够通过查询引擎和 LLM 进行交互。具体来说，LlamaIndex 接收检索器选定的节点并对节点进行处理，然后将它们格式化为面向 LLM 的提示词，该提示词包含查询信息以及来自节点的上下文。最后，这个提示词通过查询引擎提供给 LLM 以生成响应，查询引擎使用 LLM 对原始响应进行必要的处理并返回最终的自然语言答案。

通过对 LlamaIndex 工作流程的梳理，我们可以从中提取一组用采构建 RAG 应用的技术组件：

- ❑ 文档（Document）：提取的原始数据。
- ❑ 节点（Node）：从文档中提取的逻辑块。
- ❑ 索引（Index）：基于应用场景组织节点的数据结构。
- ❑ 查询引擎（QueryEngine）：包含检索器（Retriever）、节点和响应处理器。

理解这些技术组件对于使用 LlamaIndex 至关重要。它们使你能够以结构化的方式连接外部数据到 LLM。

在系统中安装了 Python 运行环境之后，你就可以通过如代码清单 1-10 所示的命令来安装 LlamaIndex 相关的技术组件。

代码清单 1-10　llama-index 安装命令

```
pip install llama-index
```

一旦完成了开发环境的初始化，我们就可以引入 LlamaIndex 的相关包结构并实现一个可运行的 RAG 程序。

在了解了 LlamaIndex 的基本功能和开发模式之后，你可能会尝试去理解 LlamaIndex 的实现方式。为了更好地掌握 LlamaIndex，我们需要对其总体代码结构有一个大致的了解。在 0.10 版本之后，LlamaIndex 的实现代码已经被彻底重构为更加模块化的结构。这种新结构的目的是提高效率，避免加载任何不必要的依赖项，同时提高代码的可读性和开发者的整体体验。图 1-7 展示了 LlamaIndex 的代码库结构。

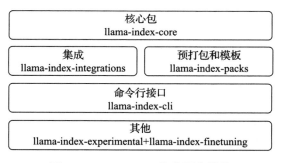

图 1-7　LlamaIndex 的代码库结构

　　其中，llama-index-core 是 LlamaIndex 的核心包，它允许开发人员安装基本框架，然后从不同的集成包和 Llama 包中选择性地添加所需要的组件，以满足特定应用程序的需求。

- ❑ llama-index-integrations 包含了 LlamaIndex 的各种集成包，这些包扩展了核心框架的功能，允许开发人员使用特定的元素（如自定义 LLM、数据加载器、嵌入模型和向量存储器）来定制 RAG 应用的构建过程。
- ❑ llama-index-packs 包含了一组 Llama 包。这些包由 LlamaIndex 开发者社区开发并不断改进，它们是为用户的应用程序设计的现成模板，旨在快速启动用户的应用。
- ❑ llama-index-cli 用于构建 LlamaIndex 命令行界面。而 llama-index-experimental 和 llama-index-finetuning 则分别包含 LlamaIndex 最新的实验类功能和微调机制。

　　我们会基于 LlamaIndex 实现简历匹配服务和定制化 Agent，相应内容分别位于第 5 章和第 7 章。

1.3　本章小结

　　作为开篇，本章对大语言模型（LLM）应用开发体系进行了整体概述。首先，我们介绍了 LLM 的典型应用场景，并详细分析了开发 LLM 应用所需的核心技术。其次，我们讨论了 LLM 集成性开发框架的重要性，并介绍了市面上的代表性框架，包括 LangChain、LangChain4j 和 LlamaIndex。这些框架旨在简化 LLM 的集成过程，提供统一的 API 和丰富的开发组件，以支持开发人员构建各种 LLM 驱动的应用程序。通过本章的学习，读者可以对 LLM 应用开发有一个全面的认识，并为后续的深入学习和实践打下基础。

第 2 章

实现并重构一个翻译器工具

在本章中，我们将构建一款基础的 AI 工具，即翻译器工具。翻译器工具是一种软件应用程序或服务，它利用 LLM 技术，将文本从一种语言自动转换成另一种语言。这些工具可以广泛应用于个人通信、商务交流、学术研究、旅游等多种场景，帮助用户跨越语言障碍，理解和交流不同语言的信息。

想要实现这样一款翻译器工具并不复杂，但我们需要对主流 LLM 的功能特性和集成方式有足够的了解。在本章中，我们将重点介绍 OpenAI 发布的 LLM，详细分析其模型创建过程和功能特性，并实现与其 API 的有效对接。基于 OpenAI LLM，我们将构建翻译器工具的 1.0 版本。另外，在 OpenAI LLM 的基础上，我们将引入 LangChain 这款主流的 LLM 应用开发框架。借助于 LangChain 即插即用的一组技术组件，我们将对翻译器工具的 1.0 版本进行重构，从而实现翻译器工具的 2.0 版本。

2.1 基于 OpenAI API 实现翻译器

在本节中，我们将尝试使用 OpenAI 发布的主流的 LLM 来实现翻译器工具。

2.1.1 引入 OpenAI LLM

想要使用 OpenAI LLM，我们首先需要掌握其创建过程和功能特性。在接下来的内容中，我们将首先讨论 OpenAI LLM 的创建过程。

1. OpenAI 模型的创建

任何一个 LLM 都具备一定的参数，开发人员使用 LLM 的第一项工作就是设置这些参数。根据你所选择的模型，可以设置的参数大致分为两类，即模型的连接参数和模型的输出参数。其中，模型的连接参数通常用来控制访问 URL、授权密钥、超时、重试、日志记录等，而模型的输出参数则是那些决定生成内容（文本、图像）中过程或质量的相关参数。

我们先来看与模型连接相关的参数，常见的包括：

❑ model_name：模型名称，如 OpenAI 的 "gtp-3.5-turbo" "gpt-4o" 等。

❑ api_key：授权密钥，需要你自己在 OpenAI 平台开通账户并申请。

❑ request_timeout：模型调用的超时时间。

在开发过程中，与模型输出相关的常用参数如下：

❑ temperature：采样温度（介于 0 和 2 之间），较高的值（如 0.8）会使输出更随机，而较低的值（如 0.2）则会使输出更加集中和确定。

❑ top_p：这个参数定义了一个概率质量的累积分布（介于 0 和 1 之间），模型在生成文本时只考虑累积概率在这个范围内的词汇。例如，如果将 top_p 设置为 0.9，那么模型只会从累积概率最高的 90% 的词汇中选择下一个词。top_p 参数通常与 temperature 参数一起使用，以影响模型生成文本的方式。

❑ max_tokens：在聊天完成中可以生成的最大令牌数量，输入的令牌和生成的令牌的总长度受模型上下文长度的限制。

❑ frequency_penalty：在 -2.0 和 2.0 之间的数字。如果该值为正，则会根据迄今为止的文本中已存在的频率对新令牌进行惩罚，从而减少模型直接重复生成相同内容的可能性。

❑ presence_penalty：同样是在 -2.0 和 2.0 之间的数字。该参数用于控制生成文本中某些词汇的重复度。当设置 presence_penalty 为正值时，模型倾向于减少生成已经出现过的词汇，从而降低文本中词汇的重复性。

很多参数会有默认值，例如 temperature 的默认值是 1，而 frequency_penalty 的默认值 0。通常，你可以在各个模型的官方网站上找到所有参数及其含义。例如，OpenAI API 的参数可以在 https://platform.openai.com/docs/api-reference/chat 上找到。我们可以使用如代码清单 2-1 所示的参数设置方式来初始化一个 OpenAI 模型。

代码清单 2-1　OpenAI 模型初始化的简单示例

```
(
    model="gpt-3.5-turbo",
    max_tokens=100
)
```

这里我们指定 OpenAI 模型的名称为 "gpt-3.5-turbo" 并设置了它的最大令牌数量。如代码清单 2-2 所示，这是一个更为复杂的 OpenAI 模型的参数设置方式。

代码清单 2-2　　OpenAI 模型初始化的复杂示例

```
(
    model="gpt-3.5-turbo",
    max_tokens=100,
    temperature=0.7,
    top_p=1.0,
    frequency_penalty=0.0,
    presence_penalty=0.0,
    stop=["\n"]
)
```

这里我们设置了 temperature 参数为 0.7，确保模型的输出具有一定的随机性，而 frequency_penalty、presence_penalty 和 top_p 则都使用了模型的默认值。

2. OpenAI 模型的功能特性

我们知道 OpenAI 平台开放了 API 供开发人员进行对接。OpenAI 提供的 API 非常丰富，主要包括：

- ❑ 文本生成：使用 OpenAI 模型可以生成连贯的文本内容，适用于内容创作、扩展、对话等场景。
- ❑ 聊天模型：通过 ChatCompletion API，可以实现多轮对话或单轮对话任务，使模型根据提供的消息列表生成回复。
- ❑ 图像生成：使用 DALL-E 模型，可以根据给定的自然语言提示生成和编辑图像。
- ❑ 音频转文本：Whisper 模型可以将音频转换为文本，适用于音频处理和转录任务。
- ❑ 文本嵌入：Embeddings 模型可以将文本转换为数字形式，用于语义搜索和分类等任务。
- ❑ 内容审核：Moderation 模型可以检测文本是否包含敏感或不安全的内容，适用于内容审核和过滤。
- ❑ 模型微调：OpenAI 还提供微调 API，允许用户针对特定用例对基础模型进行定制和优化。

在本章中，我们尝试使用 OpenAI 来构建一个翻译器工具，因此重点要讨论的是聊天模型功能。在接下来的内容中，我们分析如何集成 OpenAI 所提供的 ChatCompletion API。

2.1.2　OpenAI API 对接

对于 LLM 应用开发而言，OpenAI 是一个第三方平台。因此，我们需要使用系统集成的技术手段完成与 OpenAI 之间的交互。通常，开发人员可以借助 OpenAI 所暴露的一系列 API 来实现这一目标。在本节中，我们将详细介绍业务系统与 OpenAI API 完成对接的实现过程。

1. 使用 openai 工具库

基于 OpenAI 平台所开放的 API 定义，原则上开发人员可以使用任何开发语言和技术完成接口的调用和集成，因为 OpenAI 的接口都是 REST API。但事实上我们不需要重复造轮子，因为目前主流的开发语言都提供了对应的 OpenAI API 集成工具包，例如 Python 版本的 openai 库和 Java 版本的 openai4j 库。在本章中，我们选择 Python 语言和相关技术来构建翻译器工具，因此我们使用的是 openai 库。

作为 OpenAI 的 Python 开发库，openai 库是官方提供的，用于方便地访问 OpenAI REST API。这个库支持 Python 3.7 及以上版本，包含了所有请求参数和响应字段的类型定义。它是基于 HTTP 协议构建的，同时支持同步和异步调用客户端。我们可以通过"pip install openai"命令来安装此库。

openai 开发库提供了一系列功能，几乎涵盖了前面所讲的 OpenAI 官方提供的所有特性。openai 开发库支持流式响应和异步请求，有助于提高应用程序的响应性和效率。

想要使用 openai 开发库，第一步就是设置 OpenAI 平台的授权密钥（API Key），实现方式如代码清单 2-3 所示。

代码清单 2-3　加载 OpenAI 平台授权密钥

```
import os
import openai

# 从环境变量或密钥管理服务中加载 API key
openai.api_key = os.getenv("OPENAI_API_KEY")
```

可以看到，我们在这里通过系统的环境变量获取 OpenAI 的 API Key，这是日常开发过程中常见的一种做法。

2. 构建聊天消息

想要正确使用聊天模型，我们还需要对聊天消息的类型有充分的认识。在使用 LLM 时，我们通常会使用以下 3 种类型的聊天消息：

❏ 用户消息（HumanMessage）：顾名思义，用户消息是一种来自用户的消息。请注意，这里的用户可以是应用程序的最终用户（人类），也可以是应用程序本身。根据 LLM 支持的开发模式，HumanMessage 可以仅包含文本，也可以包含文本和图像。

❏ AI 消息（AIMessage）：AI 消息指的就是 AI 生成的消息，通常是对用户消息的响应。

❏ 系统消息（SystemMessage）：这是来自系统的消息。通常情况下，开发人员应该定义这条消息的内容。你可以在系统消息中编写有关 LLM 在此对话中的角色、应该执行什么样的行为、以何种风格回答等指示。

这些消息类型可以根据不同的需求和上下文进行组合使用。例如，在构建一个聊天机器人时，可能会交替使用 HumanMessage 和 AIMessage 来模拟对话。SystemMessage 可能用于在对话开始时设置上下文或在对话中改变模型的行为。而 LLM 被训练成比其他类型的消息更加关注 SystemMessage。所以要小心,最好不要让最终用户自由地定义或注入一些输入到 SystemMessage 中。SystemMessage 是一种相对复杂的消息类型,通常位于对话的开始部分。

请注意,上述聊天消息是一种抽象类型,而不同的 LLM 工具自身可能采用了不同的命名方式来定义聊天消息,但这些聊天消息背后的设计思想和方法都是类似的。在 LangChain 和 LangChain4j 等主流的 LLM 开发框架中也使用了类似的抽象方法来管理聊天消息。

在了解了通用的聊天消息类型之后,让我们回到 OpenAI,看看如何基于其 LLM 来创建聊天消息。对于 OpenAI LLM,我们可以使用 ChatCompletion API 来构建对话系统。而对话系统的主要功能就是聊天,模型的输入是一个包含对话的消息列表,模型的输出则为一个消息回复。而每条消息都可以包含如下 3 个组成部分:

- ❑ role：string 类型,必填,指发送此消息的角色,必须是 user、system 或 assistant 之一。可以把 user 和 system 角色所发送的消息分别看作用户消息和系统消息,而 assistant 是 OpenAI 内置的一种角色,用于设置模型的先前响应,以保持对话的连贯性。
- ❑ content：string 类型,必填,指消息的内容。
- ❑ name：string 类型,选填,指消息的发送者,可以包含 a~z、A~Z、0~9 和下划线,最大长度为 64 个字符。

可以看到,在基于 ChatCompletion API 构建聊天消息时,我们需要使用"角色"这个概念来区分消息类型。如代码清单 2-4 所示,这一示例代码展示的就是基于 user 这个角色发送的消息,也就是一种用户消息。

代码清单 2-4　user 角色下的消息示例

```
message=[
    {"role": "user", "content": "2024 年奥运会是在哪里举行的？"},
)
```

当然,你也可以创建同时包含 system 和 user 角色的一种聊天消息,这样模型就会基于系统消息的内容来回复你的用户消息,如代码清单 2-5 所示。

代码清单 2-5　包含 system 和 user 角色的消息列表示例

```
messages=[
    {"role": "system", "content": "你是一个体育知识专家。"},
    {"role": "user", "content": "2024 年奥运会是在哪里举行的？"},
]
```

当然,你也可以通过简单的字符串处理技术来创建动态的聊天消息,实现方式如代码清单 2-6 所示。

代码清单 2-6   动态聊天消息的创建方式

```
prompt = f"以下内容是哪种语言：{text}？"
messages.append(
    {"role": "user", "content": prompt},
)
```

上述创建提示词的做法非常简单，但不够灵活，我们在 2.2 节中将会引入其他手段来解决这个问题。但是现在，你只需要明确聊天消息实际上就是一组包含角色和内容的文本数组而已。

3. 创建聊天对话

一旦我们准备好了聊天消息，下一步就可以创建聊天对话了。开发人员可以通过 openai 库的 chat.completions.create 方法来创建一个对话系统，如代码清单 2-7 所示。

代码清单 2-7   chat.completions.create 方法调用示例

```
messages=[
    {"role": "system", "content": "你是一个体育知识专家。"},
    {"role": "user", "content": "2024 年奥运会是在哪里举行的？"}
]

response = openai.chat.completions.create(
        model="gpt-3.5-turbo",
        messages=messages,
        max_tokens=100,
        temperature=0.7,
        top_p=1.0,
        frequency_penalty=0.0,
        presence_penalty=0.0,
        stop=["\n"]
)
```

这里我们对 OpenAI 模型的各种参数进行了设置，并通过 messages 变量传入了一组聊天消息。通过这种实现方法，我们就完成了业务系统与 OpenAI 之间的远程交互。本质上，上述代码的执行结果与我们直接发起 HTTP 请求是完全一致的，如代码清单 2-8 所示。

代码清单 2-8   OpenAI HTTP 请求示例

```
curl -s https://api.openai.com/v1/chat/completions \
    -H "Content-Type: application/json" \
    -H "Authorization: Bearer YOUR-API-KEY" \
    -d '{
        "model": "gpt-3.5-turbo",
        "messages": [
            {"role": "system", "content": "你是一个体育知识专家。"},
```

```
        {"role": "user", "content": "2024 年奥运会是在哪里举行的？"}
    ],
    ...
}'
```

注意到 openai.chat.completions.create 方法的调用结果中返回的是一个 ChatCompletion 对象，我们来看看这个对象包含了哪些内容，如代码清单 2-9 所示。

代码清单 2-9　ChatCompletion 对象的组成结构

```json
{
    "id": "chatcmpl-AQnRNdMzJ56Qqmk72iybb3vWQwdwD",
    "choices": [
        {
            "finish_reason": "stop",
            "index": 0,
            "logprobs": null,
            "message": {
                "content": "2024 年夏季奥运会将在法国的巴黎举行。",
                "refusal": null,
                "role": "assistant",
                "function_call": null,
                "tool_calls": null
            }
        }
    ],
    "created": 1730949941,
    "model": "gpt-3.5-turbo-0125",
    "object": "chat.completion",
    "service_tier": null,
    "system_fingerprint": null,
    "usage": {
        "completion_tokens": 24,
        "prompt_tokens": 40,
        "total_tokens": 64,
        "completion_tokens_details": {
            "reasoning_tokens": 0,
            "audio_tokens": 0,
            "accepted_prediction_tokens": 0,
            "rejected_prediction_tokens": 0
        },
        "prompt_tokens_details": {
            "cached_tokens": 0,
            "audio_tokens": 0
        }
    }
}
```

可以看到，OpenAI 模型的响应对象中包含了本次请求的基本信息，如 ID、所采用的模型以及 API 类型，同时也包含了回复的信息以及令牌的使用情况。其中 OpenAI 的回复在 choices 的 messages 列表中，我们可以使用 response["choices"][0]["message"]["content"]来提取这一信息。

另外，我们也可以通过 openai 库实现流式（Streaming）对话。如果你使用过 ChatGPT，那么就应该体验过它的流式生成技术。LLM 会以一次生成一个令牌（token-by-token）的方式生成响应结果，因此许多 LLM 提供商提供了一种逐令牌流式传输响应的方式，而不是等待整个文本生成完毕。流式机制显著提高了用户体验，因为用户无须等待未知长度的时间，几乎可以立即开始获取响应结果。借助于 openai 库，实现流式对话也非常简单，我们只需要设置一个 stream 参数即可，如代码清单 2-10 所示。

代码清单 2-10　chat.completions.create 流式调用示例

```
response = openai.chat.completions.create(
    model="gpt-3.5-turbo",
    messages=[
        {"role": "system", "content": "你是一个体育知识专家。"},
        {"role": "user", "content": "2024 年奥运会是在哪里举行的？"}
    ],
    stream=True
)

for chunk in response:
    if chunk.choices[0].delta.content is not None:
        print(chunk.choices[0].delta.content, end="")
```

基于以上设置，聊天模型将发送部分消息增量，其体验就像是在使用 ChatGPT 一样。令牌将作为数据服务器推送事件被发送，执行效果如代码清单 2-11 所示。

代码清单 2-11　流式调用的执行效果示例

2024 年夏季奥运会将在法国的巴黎举行，这将是巴黎第三次举办夏季奥运会，之前两次分别是在 1900 年和 1924 年。

请注意，上述结果并不会一次性出现在控制台中，而是以一定的速率按令牌逐个展示，展示的速度取决于客户端接收和处理数据流的能力。在 OpenAI 的流式机制中，LLM 的推理和令牌的生成是在服务器端连续进行的，与客户端如何消费流没有直接的关联。一旦收到带有"stream=True"的请求，位于服务器端的模型就会开始推理过程。模型在生成每个新令牌之后，立即通过流式连接发送给客户端。这个过程是连续且自动的，不依赖客户端的消费速度。通常，在服务器和客户端之间会存在某种形式的网络缓冲区（Buffer）。这个缓冲区位于传输层，它负责暂时存储从服务器发送的数据块，直到客户端消费完毕为止。

2.1.3 构建翻译器工具 V1.0

现在，我们已经掌握了 OpenAI 模型的基本功能以及 openai 这个 Python 客户端库的使用方式。接下来，我们就可以使用 LLM 来构建一款翻译器工具。

我们先来实现翻译器工具的一个简单功能，就是根据用户的输入判断使用的是哪一种语言，实现过程如代码清单 2-12 所示。

代码清单 2-12　检测语言代码示例

```python
import openai

openai.api_key = '...'

messages = [ {"role": "system", "content": "你是一个翻译家"} ]

def detect_language(text):
    prompt = f"以下内容是哪种语言：{text}？"

    messages.append(
        {"role": "user", "content": prompt},
    )
    response = openai.chat.completions.create(
        model="gpt-3.5-turbo",
        messages=messages
    )

    language = response.choices[0].message.content
    return language
```

可以看到，这里我们使用包含一个占位符的字符串作为提示词，然后通过 openai.chat.completions.create 来获取模型的响应对象。通过对响应结果中的数据进行解析，我们获取了用户输入对应的语言信息。

我们继续来实现根据用户输入和目标语言来执行翻译操作的功能，如代码清单 2-13 所示。

代码清单 2-13　翻译语言代码示例

```python
def translate_text(text, target_language):
    prompt = f"将 {text} 翻译成 {target_language}"

    messages.append(
        {"role": "user", "content": prompt},
    )

    response = openai.chat.completions.create(
```

```
        model="gpt-3.5-turbo",
        messages=messages
)

translated_text = response.choices[0].message.content
return translated_text
```

上述代码没有任何特殊之处。我们可以使用如代码清单 2-14 的方式来对翻译器工具进行测试。

代码清单 2-14　测试翻译器工具

```
input_text = input()
detected_language = detect_language(input_text)
print("原始语言:", detected_language)

target_language = input()
translated_text = translate_text(input_text, target_language)
print(f"翻译成 {target_language}: {translated_text}")
```

这里使用到了控制台输入机制，如代码清单 2-15 所示，这是用户输入与 LLM 响应的交互过程。

代码清单 2-15　翻译器工具执行效果

```
你好
原始语言：这是简体中文。
英文
翻译成英文："你好"翻译成英文是"Hello"。
```

可以看到，通过对模型暴露的方法进行简单调用，我们就实现了一款基础的 AI 工具——翻译器 V1.0。这个例子为我们进入 LLM 应用开发的世界提供了一个入口。

2.2　基于 LangChain 重构翻译器

前面我们引入了 openai 框架，并基于该框架完成了与 OpenAI 模型之间的有效集成。通过调用 OpenAI 平台所开放的 API，我们就可以构建一款功能完备的 LLM 应用程序，如前面所展示的翻译器工具。但是请注意，从 LLM 应用开发角度讲，openai 属于底层的工具库，它的核心价值在于充当与 OpenAI LLM 集成的桥梁，但其过于细粒度的设计和实现方法并不适合直接面向业务的开发场景。因此，在企业级 LLM 应用开发过程中，我们通常使用的是集成性开发框架。在第 1 章中，我们已经介绍了目前主流的几款 LLM 集成性开发框架。而在本章中，我们将引入其中具有代表性的 LangChain 框架来完成对翻译器工具的重构。

2.2.1　LangChain 集成 OpenAI LLM

作为一款成熟的集成性开发框架，LangChain 为各种主流的 LLM 提供了模型包装器（Model Wrapper）组件。通过模型包装器，开发人员可以无视各个 LLM 之间的差异，而采用同一套标准的交互方式完成与各个 LLM 的有效集成。在本节中，我们将继续围绕 OpenAI LLM 展开讲解，详细分析 LangChain 模型包装器组件，并尝试使用 OpenAI 聊天模型。

1. LangChain 模型包装器组件

我们知道 LangChain 是一款为开发 LLM 应用程序而设计的框架。它提供了一套标准化的接口和组件，以便开发者能够更容易地与各种语言模型进行交互，构建和部署应用程序。而模型包装器组件是这个框架的核心组成部分之一，它允许开发者将自定义的语言模型或不同的包装器集成到 LangChain 中，实现与现有程序的兼容并充分利用 LangChain 提供的一些优化特性。

LangChain 提供了两类模型包装器组件，一类是通用的 **LLM 模型包装器**，而另一类则是专门用来构建聊天机制的**聊天模型包装器**。这种分类方式实际上很好理解。回顾第 1 章，我们提到目前业界主流的两种模型 API 类型，即语言模型 API 和聊天模型 API。我们把模型包装器和模型 API 进行对应，就会发现 LangChain 的 LLM 模型包装器包装的就是语言模型 API，而聊天模型包装器包装的显然就是聊天模型 API。表 2-1 展示了这两类包装器的输入和输出。

表 2-1　LangChain 的两类包装器组件

模型类型	模型输入	模型输出
聊天模型	字符串、聊天消息或提示词	聊天消息
LLM	字符串、聊天消息或提示词	字符串

与之相对比，我们只要明确 LLM 模型包装器主要用于文本补全类型的 API 即可。这种方式比较简单直接，适用于需要生成文本的场景。在 LangChain 中，它和聊天模型包装器一样，都可以接收一个文本字符串、一串聊天消息或者一个提示词作为输入，但它的输出只能是一个字符串。而聊天模型包装器则专门用于与支持聊天功能的语言模型进行交互。与 LLM 模型包装器不同，聊天模型包装器设计用来接收和发送具有上下文的对话消息，它的输出是 ChatMessage 这种结构化的聊天消息，而不是简单的文本字符串。

我们可以基于 OpenAI LLM 来解释为什么 LangChain 在内部实现上需要划分两种不同类型的模型包装器。如果你集成过 OpenAI 平台的 API，就应该知道在 2023 年 7 月之前，开发人员集成 OpenAI 的方式是使用它的 Text Completion 类型 API。基于这种类型的 API，开发人员可以直接提供一段具有特定上下文的文本，然后让模型在这个上下文的基础上生成相应的输出。Text Completion 类型 API 在执行翻译或文案类的工作时表现良好，但在构建复杂聊天模型时就显得不够完美。因此，OpenAI 在发布 GPT-3.5-Turbo 模型的同时推出了一种全新类型的 AI，即 Chat Completion 类型 API。这种 API 更加适合应对聊天等复杂的应用场景。可以认为，Text Completion 类型 API 就是一种语言模型 API，而 Chat Completion 类型 API 则是一种聊天模型 API。这点对于其他模型平台而言也是适用的。我们在前面构建的翻译器工具实际上使用的就是 Chat Completion 类型 API。

2. LangChain 使用 OpenAI 聊天模型

回到 OpenAI LLM，我们以其 API 为例来说明如何利用不同类型的模型包装器来实现与 OpenAI 之间的交互。

当成功安装 LangChain 框架之后，我们就可以通过 LangChain 引入 OpenAI 的模型包装器，它是一个 LLM 模型包装器，创建方式如代码清单 2-16 所示。

代码清单 2-16　创建 LLM 模型包装器

```
from langchain_openai import OpenAI
llm = OpenAI()
```

这里引入了 LangChain 中的 OpenAI 工具包。基于这个工具包，我们可以在创建 OpenAI 的过程中添加各种模型参数，具体做法如代码清单 2-17 所示。

代码清单 2-17　设置 LLM 模型包装器的参数

```
llm = OpenAI(
    model="gpt-3.5-turbo",
    max_tokens=100,
    temperature=0.7
    openai_api_key="..."
)
```

对于这些参数，前面介绍 openai 库时都已经做了介绍，我们要做的事情就是将这些参数传递给 OpenAI，LangChain 底层会通过 openai 库完成模型的初始化。

我们来看一个基于 LLM 模型包装器的使用示例，如代码清单 2-18 所示。

代码清单 2-18　LLM 模型包装器的使用示例

```
from langchain_openai import OpenAI

llm = OpenAI(
    model="gpt-3.5-turbo",
    max_tokens=100,
    temperature=0.7,
    openai_api_key=...
)
```

```
messages = [
    {"role": "system", "content": " 你是一个翻译家 "},
    {"role": "user", "content": f" 以下内容是哪种语言：你好？ "}
]

print(llm.predict_messages(messages))
```

在 LangChain 中，我们可以使用 llm.predict_messages(...) 方法或者 llm(...) 方法来触发对模型的调用。上述代码的执行结果就是"中文"两字。也就说，LLM 模型包装器的输出结果就是一个简单的字符串。

我们接着来看一个聊天模型包装器的创建示例，该包装器类是 ChatOpenAI，构建方式如代码清单 2-19 所示。

代码清单 2-19　聊天模型包装器的创建示例

```
from langchain_openai import ChatOpenAI

chat_model = ChatOpenAI(
    model="gpt-3.5-turbo",
    max_tokens=100,
    temperature=0.7
    openai_api_key="..."
)
```

有了 ChatOpenAI，我们接下来构建一组 ChatMessage 作为它的输入。前面我们已经介绍了主流的 LLM 工具所支持的 3 种聊天消息类型，即用户消息 HumanMessage、AI 消息 AIMessage 以及系统消息 SystemMessage。LangChain 也基本采用了这一套聊天消息的定义方式，每条消息都包含 role、content 和 response_metadata 这三个字段。我们已经掌握了 role 和 content 这两个字段的使用方式，而 LangChain 作为一款集成性开发框架，response_metadata 字段在其中的作用是携带一些 LLM 特定的响应信息。

在 LangChain 中，我们可以通过如代码清单 2-20 所示的方式来构建一组聊天消息。

代码清单 2-20　创建聊天消息示例

```
from langchain_core.messages import HumanMessage, SystemMessage

messages = [
    SystemMessage(content=" 你是一个翻译家 "),
    HumanMessage(content= " 以下内容是哪种语言：你好？ "),
]
```

然后，我们把这组消息作为输入提供给 ChatOpenAI 并完成模型调用，实现过程如代码清单 2-21 所示。

代码清单 2-21　基于 ChatOpenAI 的模型调用

```
chat = ChatOpenAI(
    model="gpt-3.5-turbo",
    temperature=0.3,
    max_tokens=200,
    api_key=constants.openai_key
)

response = chat.invoke(messages)
print(response)
```

当我们触发模型调用时，ChatOpenAI 对象会把 HumanMessage、AIMessage 和 SystemMessage 依次序列化并发送给 OpenAI 服务器。OpenAI 服务器会处理这些消息并生成响应结果返回给 ChatOpenAI 聊天模型包装器，这个响应结果就是上述代码中的 response 对象。如代码清单 2-22 所示，这是将 response 对象转换为 JSON 格式的结果。

代码清单 2-22　将 response 对象转换为 JSON 格式

```
{
    "content": " 这句话是中文，意思是 " 你好？ "",
    "additional_kwargs": {
        "refusal": null
    },
    "response_metadata": {
        "token_usage": {
            "completion_tokens": 15,
            "prompt_tokens": 32,
            "total_tokens": 47,
            "completion_tokens_details": {
                "reasoning_tokens": 0,
                "audio_tokens": 0,
                "accepted_prediction_tokens": 0,
                "rejected_prediction_tokens": 0
            },
            "prompt_tokens_details": {
                "cached_tokens": 0,
                "audio_tokens": 0
            }
        },
        "model_name": "gpt-3.5-turbo-0125",
        "system_fingerprint": null,
        "finish_reason": "stop",
        "logprobs": null
    },
    "id": "run-c8213a73-71d7-45d3-a8ed-afd31a8f52a5-0",
```

```
    "usage_metadata": {
        "input_tokens": 32,
        "output_tokens": 15,
        "total_tokens": 47
    }
}
```

可以看到，和 LLM 模型包装器的输出是一个字符串不同，ChatOpenAI 的输出是一个 AIMessage 对象，包含了响应内容 content，以及请求 ID、模型名称、消耗令牌等信息。

讲到这里，你可能会问：为什么 LangChain 要把聊天模型包装器设计得如此复杂？核心原因在于不同的 LLM 平台对于聊天模型 API 的设计和实现方式并不一致，需要我们适配不同的数据模式。为此，LangChain 需要对聊天的交互过程和数据结构进行抽象，从而抽象出 HumanMessage、AIMessage 以及 SystemMessage 这些聊天消息类型。这对于 LLM 集成性开发框架而言是非常重要的一种封装能力，我们在后续介绍 LangChain4j 等其他框架时也会看到类似的设计方案。

2.2.2　使用 PromptTemplate 创建提示词

在第 1 章中，我们讨论了 LLM 应用开发的核心技术，其中一项就是提示工程。提示工程的价值在于更好地设计和管理提示词。而提示词是我们与 LLM 之间进行交互的基本媒介。LangChain 作为一款集成性框架，也对提示词进行了抽象和封装，并专门为开发人员提供了 PromptTemplate 这个提示词模板组件。

1. PromptTemplate 的基础用法

PromptTemplate 是一个功能强大的提示词模板类，但使用起来并不复杂，我们可以通过如代码清单 2-23 所示的方式来定义一个 PromptTemplate。

代码清单 2-23　PromptTemplate 定义方式

```
from langchain.prompts import PromptTemplate

# 定义提示词模板
template = "请用简明的语言介绍一下 {topic}。"

# 创建 PromptTemplate 对象
prompt_template = PromptTemplate(
    input_variables=["topic"],
    template=template
)
```

可以看到，这里出现了一个包含变量的 template 模板字段，然后基于这个模板字段创建了 PromptTemplate 对象。该对象有两个组成部分，即输入变量 input_variables 和模板

template。

有了 PromptTemplate 对象，我们就可以在代码运行时动态填充 template 中的变量值，其实现方式如代码清单 2-24 所示。

代码清单 2-24 动态填充 template 中的变量值

```
# 生成最终的 prompt
prompt = prompt_template.format(topic=" 人工智能 ")
print(prompt)
```

上述代码的执行结果为"请用简明的语言介绍一下人工智能"。这就是通过 PromptTemplate 获取的提示词。可以看到，这种方法使得提示词的创建过程更加灵活和高效，尤其适用于需要生成多个类似内容的场景。因此，PromptTemplate 也相当于一种提示词复用的技术组件。代码清单 2-25 很好地说明了这一观点。

代码清单 2-25 基于 PromptTemplate 实现提示词复用

```
base_template = " 请用简明的语言介绍一下 {topic}。"
aspect_template = base_template + " 并解释它的 {aspect}。"

prompt_template = PromptTemplate(
    input_variables=["topic", "aspect"],
    template=aspect_template
)

input_variables = {"topic": " 深度学习 ", "aspect": " 基本原理 "}
prompt = prompt_template.format(**input_variables)
print(prompt)
```

这里我们使用了多个变量，并且创建了嵌套模板，从而方便在复杂的情况下重用提示词模板。

2. PromptTemplate 类型

和前面介绍的模型包装器组件一样，PromptTemplate 实际上也可以分成两大类，即 LLM 类型的 PromptTemplate 和聊天模型类型的 PromptTemplate。我们可以在 LangChain 中找到一组常见的 PromptTemplate 类型，如代码清单 2-26 所示。

代码清单 2-26 LangChain 中常见的 PromptTemplate 类型

```
from langchain.prompts import (
    ChatPromptTemplate,
    PromptTemplate,
    SystemMessagePromptTemplate,
    AIMessagePromptTemplate,
```

```
    HumanMessagePromptTemplate,
)
```

可以看到，除了前面讲述的 PromptTemplate，LangChain 还专门设计了 Human-MessagePromptTemplate、SystemMessagePromptTemplate 和 AIMessagePromptTemplate 的类型，分别对应于 HumanMessage、SystemMessage 和 AIMessage。同时，LangChain 还专门针对聊天模型设计了一个 ChatPromptTemplate 的类型。

和普通的 PromptTemplate 一样，我们可以调用其他类型的 PromptTemplate 的 from_template 方法来创建对应的提示词，如代码清单 2-27 所示。

代码清单 2-27　通过其他类型 PromptTemplate 的 from_template 方法创建提示词

```
template=" 现在你的角色是 {role}，请按该角色进行后续的对话 ."
system_message_prompt = SystemMessagePromptTemplate.from_template(template)
human_template="{text}"

human_message_prompt = HumanMessagePromptTemplate.from_template(human_
    template)
```

有了一个或者多个 MessagePromptTemplate 之后，就可以使用它们来构建 ChatPrompt-Template 了，示例代码如代码清单 2-28 所示。

代码清单 2-28　ChatPromptTemplate 创建示例

```
chat_prompt = ChatPromptTemplate.from_messages([system_message_prompt, human_
    message_prompt])
chat_prompt.format_prompt(role=" 医生 ", text=" 帮我看看我的颜值还行吗？ ").to_messages()
```

在所有类型的 PromptTemplate 中，ChatPromptTemplate 是我们需要重点掌握的。ChatPromptTemplate 相当于在 PromptTemplate 的基础上添加了针对对话的快捷方式。一个普通的对话如代码清单 2-29 所示。

代码清单 2-29　普通的对话示例

```
System: You are a helpful AI bot. Your name is Bob.
Human: Hello, how are you doing?
AI: I'm doing well, thanks!
Human: What is your name?
```

但是 ChatPromptTemplate 将其分解得具体了，如代码清单 2-30 所示。

代码清单 2-30　基于 ChatPromptTemplate 的对话示例

```
from langchain_core.prompts import ChatPromptTemplate

template = ChatPromptTemplate.from_messages(
```

```
[
    ("system", "You are a helpful AI bot. Your name is {name}."),
    ("human", "Hello, how are you doing?"),
    ("ai", "I'm doing well, thanks!"),
    ("human", "{user_input}"),
]
)

prompt_value = template.invoke(
    {
        "name": "Bob",
        "user_input": "What is your name?"
    }
)
```

这里我们调用了 ChatPromptTemplate 的 invoke 方法来获取最终的提示词，上述代码的执行结果如代码清单 2-31 所示。

代码清单 2-31　ChatPromptTemplate 执行结果示例

```
ChatPromptValue(
    messages=[
        SystemMessage(content='You are a helpful AI bot. Your name is Bob.'),
        HumanMessage(content='Hello, how are you doing?'),
        AIMessage(content="I'm doing well, thanks!"),
        HumanMessage(content='What is your name?')
    ]
)
```

请注意，我们在使用 ChatPromptTemplate 时通常会使用消息占位符（MessagesPlaceholder）功能，示例代码如代码清单 2-32 所示。

代码清单 2-32　消息占位符使用示例

```
template = ChatPromptTemplate(
[
    ("system", "You are a helpful AI bot."),
    ("placeholder", "{conversation}")
]
)

prompt_value = template.invoke(
    {
        "conversation": [
            ("human", "Hi!"),
            ("ai", "How can I assist you today?"),
            ("human", "Can you make me an ice cream sundae?"),
```

```
        ("ai", "No.")
    ]
  }
)
```

在上述代码中，我们使用（"placeholder"，"{conversation}"）语句来定义了一个消息占位符，意味着该提示词模板将针对"conversation"这个键接收一个可选的消息列表。如果不使用这种实现方式，那么你也可以直接使用 MessagesPlaceholder 对象来达到同样的效果，如代码清单 2-33 所示。

代码清单 2-33　MessagesPlaceholder 对象的使用示例

```
MessagesPlaceholder(variable_name="conversation", optional=True)
```

上述代码的执行结果如代码清单 2-34 所示，注意到这里将一组消息列表嵌入了包含"conversation"键的 MessagesPlaceholder 对象中。

代码清单 2-34　MessagesPlaceholder 对象的使用效果

```
ChatPromptValue(
    messages=[
        SystemMessage(content='You are a helpful AI bot.'),
        HumanMessage(content='Hi!'),
        AIMessage(content='How can I assist you today?'),
        HumanMessage(content='Can you make me an ice cream sundae?'),
        AIMessage(content='No.'),
    ]
)
```

关于 PromptTemplate 就讲到这里。无论你选择哪种类型的 API，只要选择对应的 PromptTemplate 工具类就可以轻松生成符合 API 要求的提示词。PromptTemplate 大大简化了提示词的构建难度，使得开发人员不需要手动处理复杂的数据转换和格式化工作。我们在后续内容中将大量使用各种 PromptTemplate 来灵活创建提示词。

2.2.3　构建 LLMChain

接下来要介绍的 LangChain 组件是它的**链**（Chain）。什么是链？我们可以从字面意思来理解这个概念。所谓链，就是将 LLM 应用开发所涉及的各个组件链接起来，从而构建成复杂的应用程序。可以说，链这个概念体现了 LangChain 框架的核心设计思想。在本节中，我们将介绍 LangChain 的一些常见的链以及它们的使用方法。

1. LangChain 中的链

到目前为止，我们已经掌握了聊天模型的构建过程。对于聊天模型的实现可以分为两个部分，**提示词模板的构建**和**模型的调用处理**。并且，我们已经介绍了诸如聊天模型、聊天消息、PromptTemplate 在内的多个技术组件。通过这些组件实现聊天功能的过程是非常灵活的，它们给予了开发人员极大的自由，但同时也迫使开发人员编写大量的样板代码。由于 LLM 应用通常需要多个组件共同协作，而且通常涉及多次交互，因此对这些组件进行编排就变得更加烦琐。

我们希望能够专注于业务逻辑，而不是低级别的实现细节。为此，LangChain 提供了一个高级概念来帮助我们实现这一目标，这就是链。从这个角度讲，链其实可以被视为 LangChain 中的基本功能单元，每个 LangChain 应用都应该使用链。

在 LangChain 中，针对链这个概念进行了充分的抽象，并设计和实现了一组实现类，常见的包括：

- ❏ LLMChain：一个链，用于将一个 LLM 和一个 PromptTemplate 组合在一起。
- ❏ SimpleSequentialChain：一个简单的链，用于将一个链的输出作为下一个链的输入。
- ❏ SequentialChain：一个更复杂的链，允许我们定义多个链，并将它们链接在一起。
- ❏ ConversationChain：一个链，用于将一个 LLM 和一个 ConversationPromptTemplate 组合在一起。

我们不对上述所有链进行详细的介绍，而是关注其中最基础也最常用的链，就是 LLMChain。LLMChain 结合了语言模型推理功能，将模型输入与输出整合在一个链中操作。它利用 PromptTemplate 格式化输入，将格式化后的字符串传递给 LLM，并返回 LLM 的输出。这样使得整个处理过程更加高效和便捷。LLMChain 的使用方法如代码清单 2-35 所示。

代码清单 2-35　LLMChain 的使用方法

```
from langchain.chains.llm import LLMChain
from langchain_core.prompts import PromptTemplate
from langchain_openai import ChatOpenAI

template = "猪八戒吃{fruit}?"
prompt = PromptTemplate.from_template(template)
llm = ChatOpenAI(temperature=0)

# 创建 LLMChain
llm_chain = LLMChain(
    llm=llm,
    prompt=prompt
)

result = llm_chain({"fruit": "人参果"})
print(result)
```

可以看到，我们在创建 LLMChain 时传入了两个参数，一个是代表 LLM 本身的 llm 参数，另一个就是通过 PromptTemplate 创建的提示词参数 prompt。上述代码的执行结果如代码清单 2-36 所示。

代码清单 2-36　　LLMChain 的执行结果

```
{
    "fruit": " 人参果 ",
    "text": " 猪八戒是《西游记》中的一个角色，他是一个猪头人身的妖怪，喜欢吃人参果。在故事中，
        猪八戒经常被妖怪诱骗吃人参果，导致他变得更加贪婪和愚蠢。人参果是一种神奇的果实，吃了
        可以增加力量和智慧，但如果吃得过多会导致人变得贪婪和愚蠢。因此，猪八戒吃人参果是一个
        象征性的故事情节，表达了贪婪和愚蠢的危害。"
}
```

在使用 LangChain 时，我们也可以引入该框架所内置的表达式语言（LangChain Expression Language，LCEL）来简化链的构建过程。LCEL 是一种声明式的方法，用于轻松地组合链式结构。例如，当我们使用 LCEL 对前面的例子进行重构时，可以得到如代码清单 2-37 所示的结果。

代码清单 2-37　　使用 LCEL 的执行结果

```
template = " 猪八戒吃 {fruit}?"
prompt = PromptTemplate.from_template(template)

llm = ChatOpenAI(temperature=0)

# 创建 Chain
llm_chain = prompt | llm
result = llm_chain.invoke({"fruit": " 人参果 "})
print(result)
```

在实际应用中，LCEL 可以用于构建各种复杂的应用程序，例如，通过组合提示词模板、LLM 和输出解析器来创建一个执行链。这种链可以被进一步扩展和定制，以满足特定的开发需求。

2. 链的调用方式

当我们成功创建了 LLMChain 对象之后，就可以调用链来完成对 LLM 的调用。在前面的代码中，我们演示了如何通过直接调用链对象的方式来获取 LLM 的响应结果，这相当于调用了 LLMChain 内部的 call 方法，类似的还有 LLMChain 的 run 方法。同时，我们也演示了如何通过 invoke 方法来调用 LLMChain。请注意，无论你使用上述方法中的哪一种，与 LLM 模型的交互过程都是同步的，这意味着应用程序在 LLM 返回结果之前是阻塞的。为了提高与 LLM 之间的交互效率，LangChain 借助 asyncio 库为链的调用提供异步支持。当我们使用 LLMChain 时，通过 arun、agenerate、acall 等前缀带有 "ε" 字母的同名方法就可以实现对链的异步调用。

我们通过一个示例来介绍异步调用的实现方法，如代码清单 2-38 所示。

代码清单 2-38 LLM 异步调用示例

```python
import time
import asyncio
from langchain_openai import OpenAI

async def async_generate(llm):
    resp = await llm.agenerate(["Hello, how are you?"])
    print(resp.generations[0][0].text)

async def generate_concurrently():
    llm = OpenAI(temperature=0.9)

    # 创建包含 10 个 async_generate 任务的列表，并发执行任务
    tasks = [async_generate(llm) for _ in range(10)]
    await asyncio.gather(*tasks)

asyncio.run(generate_concurrently())
```

在上述代码中，我们定义了异步函数 async_generate，该函数接收一个 llm 参数。然后，我们调用 OpenAI 类的 agenerate 方法，传入字符串列表 ["Hello, how are you?"] 并等待响应。在上面的示例代码中，我们使用 asyncio.gather() 方法运行 10 个异步任务，实现了同时并发地调用多个 LLM 的效果。请注意，我们是在命令行中执行该方法，所以需要手动调用 asyncio.run() 方法来实现异步调用。我们在后续案例分析的过程中还会看到这种异步处理实行方式。

针对上述场景，你也可以使用如代码清单 2-39 所示的方式来串行调用 OpenAI LLM。

代码清单 2-39 LLM 串行调用示例

```python
def generate_serially():
    llm = OpenAI(temperature=0.9)
    for _ in range(10):
        resp = llm.generate(["Hello, how are you?"])
        print(resp.generations[0][0].text)

generate_serially()
```

不难想象，相较于异步调用，串行调用的效率较低。我们可以通过代码清单 2-40 来比较异步调用和串行调用的效率差别。

代码清单 2-40 异步调用和串行调用的效率对比

```python
import time

s = time.perf_counter()
await generate_concurrently()
```

```
elapsed = time.perf_counter() - s
print('\033[1m' + f"并发执行 {elapsed:0.2f} 秒。" + '\033[0m')

s = time.perf_counter()
generate_serially()
elapsed = time.perf_counter() - s
print('\033[1m' + f"串行执行 {elapsed:0.2f} 秒。" + '\033[0m')
```

上述代码的执行结果如代码清单 2-41 所示。

代码清单 2-41　异步调用和串行调用的效率对比结果

```
并发执行 2.13 秒。
串行执行 9.24 秒。
```

结果表明，使用并发的异步调用方法所需的时间要比串行调用少很多。

3. 使用 OutputParser 格式化输出

在使用 LangChain 这类 LLM 集成性开发框架时，常规的操作流程是"提示词输入→调用 LLM → LLM 输出"。但有时候我们期望 LLM 输出的数据是格式化的数据，方便做后续的处理。这时就需要在提示词中设置好要求，这样 LLM 会在输出响应结果后再将内容传给 OutputParser（输出解析器），OutputParser 会将结果解析成我们预期的格式。

OutputParser 是 LangChain 等 LLM 集成性框架的核心组件之一，它具备如下优势和价值：

❏ **结构化数据**：生成模型的输出通常是非结构化的文本，输出解析器可以将这些文本转换为结构化的数据格式，使其更易于处理和分析。

❏ **自动化处理**：通过将生成的文本解析为结构化数据，可以更容易地进行自动化处理，如存储、搜索和计算。

❏ **减少错误**：通过预定义的解析规则，可以减少人工解析文本时可能出现的错误。

❏ **增强可读性**：结构化的数据通常比纯文本更易于理解和使用。

LangChain 内置了一组强大的 OutputParser 组件，可以做到即插即用。例如，如果我们希望将 LLM 的响应结果解析为以逗号分隔的列表，那么就可以引入 CommaSeparatedListOutputParser 组件。示例代码如代码清单 2-42 所示。

代码清单 2-42　CommaSeparatedListOutputParser 使用示例

```
from langchain_openai import ChatOpenAI
from langchain.output_parsers import CommaSeparatedListOutputParser
from langchain.prompts import ChatPromptTemplate

import constants

prompt = ChatPromptTemplate.from_messages([
```

```
        ("system", "{parser_instructions}"),
        ("human", " 列出 {cityName} 的 {viewPointNum} 个著名景点。")
])

output_parser = CommaSeparatedListOutputParser()
parser_instructions = output_parser.get_format_instructions()

# 查看解析器的指令内容
print(parser_instructions)

final_prompt = prompt.invoke({"cityName": " 杭州 ", "viewPointNum": 5, "parser_
        instructions": parser_instructions})

model = ChatOpenAI(model="gpt-3.5-turbo")

# 打印 LLM 的原始输出
response = model.invoke(final_prompt)
print(response.content)

# 打印 OutputParser 的输出
format_response = output_parser.invoke(response)
print(format_response)
```

上述代码的执行效果如代码清单 2-43 所示。

代码清单 2-43　CommaSeparatedListOutputParser 执行效果

```
Your response should be a list of comma separated values, eg: `foo, bar, baz`
    or `foo,bar,baz`
西湖 , 灵隐寺 , 雷峰塔 , 宋城 , 千岛湖
[' 西湖 ', ' 灵隐寺 ', ' 雷峰塔 ', ' 宋城 ', ' 千岛湖 ']
```

这里展示了 CommaSeparatedListOutputParser 这个 OutputParser 的指令内容、LLM 的原始输出以及经过格式化之后的数据效果。

针对 LangChain，还有一个 OutputParser 值得我们关注，就是 PydanticOutputParser。Pydantic 是一个 Python 库，用于声明数据模型并进行类型检查和强制转换。而 PydanticOutputParser 是一种输出解析器，它允许你指定一个 Pydantic 模型（使用 Pydantic 的 BaseModel 来定义），并将语言模型的输出解析为符合该模型的结构化数据，这样可以确保输出的数据符合预期的格式和类型。PydanticOutputParser 的使用方法如代码清单 2-44 所示。

代码清单 2-44　PydanticOutputParser 使用方法

```
class FruitModel(BaseModel):
    name: str
```

```
    color: str

# 初始化 PydanticOutputParser
parser = PydanticOutputParser(pydantic_object=FruitModel)

# 解析示例文本
text = '{"name": "apple", "color": "red"}'
parsed_output = parser.parse(text)
print(parsed_output)
```

上述代码的执行效果如代码清单 2-45 所示。

代码清单 2-45　PydanticOutputParser 执行效果

```
name='apple' color='red'
```

可以看到，这里我们使用 Pydantic 的 BaseModel 来定义所需的 JSON 数据结构和 Schema。PydanticOutputParser 会自动将 LLM 的文本输出解析成 Pydantic 模型。开发人员可以自定义验证逻辑来确保 JSON 输出符合预期格式。

2.2.4　构建翻译器工具 V2.0

讲到这里，我们已经掌握了 LangChain 中最核心的 3 个技术组件，即聊天模型包装器、PromptTemplate 以及链。借助这些组件的力量，我们就可以完成对翻译器工具的重构，重构后的代码如代码清单 2-46 所示。

代码清单 2-46　重构后的翻译器工具的实现代码

```
from langchain_core.output_parsers import StrOutputParser
from langchain_openai import OpenAI
from langchain_core.prompts import PromptTemplate

text = "你好"
target_language = 'en'

def translatedText():
    template1 = ''' 以下内容是哪种语言: {text} '''
    language_prompt1 = PromptTemplate(
        input_variables=['text'],
        template=template1
    )
    language_prompt1.format(text=text)

    template2 = ''' 将 {text} 翻译成 {target_language} '''
    language_prompt2= PromptTemplate(
        input_variables=['text', 'target_language'],
```

```
    template=template2
)
language_prompt2.format(text=text, target_language=target_language)

llm = OpenAI()
parser = StrOutputParser()

chain = language_prompt1 | llm | parser

output_json = chain.invoke({'text': text})
print(f"原始语言：{output_json}")

chain = language_prompt2 | llm | parser
output_json = chain.invoke({'text': text, 'target_language': target_language})
print(f"翻译为 {target_language}：{output_json}")
```

调用上述代码，我们可以得到如代码清单 2-47 所示的响应结果。

代码清单 2-47　　重构后的翻译器工具的执行效果

```
原始语言：中文
翻译为 en：Hello
```

在上述示例中，我们演示了 PromptTemplate、LLMChain 和 StrOutputParser 等核心组件的使用方法，并完成了与 OpenAI LLM 之间的有效集成。通过这个示例，我们就能掌握 LangChain 框架的基本使用方法，从而为后续构建复杂的 LLM 应用打好基础。

2.3　本章小结

本章介绍了如何利用 LLM 技术开发一款翻译器工具。首先，我们给出了基于 OpenAI LLM 的翻译器工具 V1.0 的实现流程，包括 OpenAI 模型的创建过程、功能特性、API 对接方法，以及如何使用 openai 库来构建聊天消息和对话系统。接着，我们展示了如何使用 LangChain 框架重构翻译器工具，包括 LangChain 模型包装器组件的使用、PromptTemplate 的创建和 LLMChain 的构建。此外，我们还介绍了 OutputParser 组件，该组件用于将 LLM 的输出格式化为结构化数据。最后，通过组合这些组件，我们实现了翻译器工具 V2.0，展示了如何使用 LangChain 框架来简化 LLM 应用的开发过程。

第 3 章

构建通用的文档检索助手

在本章中，我们将构建一款通用的文档检索助手系统。在日常工作过程中，我们每天都在面对大量文档，包括 Word、PDF、Excel 等不同类型的文档。在这些文档中快速而又精准地找到用户想要的目标信息，并通过对话聊天的方式展示在用户面前，避免低效的传统查询类操作，这是文档检索助手的核心功能和价值所在。

如果想要通过 LLM 来实现文档检索助手，那么我们就需要引入一项新的技术体系，即 RAG（Retrieval-Augmented Generation，检索增强生成）。对于 RAG 而言，文档处理是最基础也最常见的一类应用场景。如果想要基于 LLM 来实现文档检索助手这款 RAG 应用，那么开发人员通常需要完成文档处理、向量存储、检索机制和查询处理等开发任务。显然，上述开发任务的实现需要引入集成性开发框架和一组专用的技术组件。在本章中，我们将基于 LangChain4j 框架来构建这款通用的文档检索助手。

3.1 RAG 解析

RAG 可以被视为在 LLM 基础上的一种扩展或应用，能利用 LLM 的生成能力和外部知识库的丰富信息来提供更准确、更全面的输出。那么，究竟什么是 RAG 呢？本节将探讨 RAG 相关的核心概念以及 RAG 应用的开发过程。

3.1.1 RAG 技术的核心概念

我们可以基于 RAG 的字面意思来对其概念做进一步解析。所谓检索增强生成，指的就是一种结合检索（Retrieval）和生成（Generation）的自然语言处理技术，主要用于提高 LLM 在特定任务上的性能表现。RAG 首先通过检索系统从大量文档中检索出与输入查询相关的业务领域数据。这通常涉及一个索引机制，能够快速定位到相关的文档。然后，将检索到的相关文档用作上下文信息，构建提示词并输入 LLM 中。生成模型利用这些上下文信息来生成回答或完成特定的任务。RAG 基本模型如图 3-1 所示。

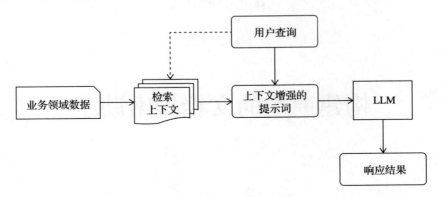

图 3-1   RAG 基本模型

RAG 是近年来在自然语言处理领域中备受关注的一个研究方向，许多研究者和开发者正在探索其在不同应用场景中的潜力。RAG 具备如下几个典型优势。

（1）减少大模型的幻觉

RAG 可以通过外部知识源提供准确、基于事实的上下文参考信息，从而帮助减少 LLM 的幻觉现象。通过让 LLM 检索特定的文档片段，RAG 降低了 LLM 生成不正确或误导性信息的风险。

（2）突破上下文长度限制

通过 RAG 技术，LLM 完全可以突破其上下文长度的限制，获得更强的处理能力。RAG 能做到这一点的原因在于它会事先对这些上下文进行分块并进行向量计算，再根据用户的输入进行向量语义搜索，并返回相关性最高的一些语料片段。这将大大加快大模型的处理速度，提供更高效和可扩展的处理方式。

（3）获取最新知识

LLM 存储的知识通常有一个截止日期，而不是实时更新的，这限制了它们获取最新信息的能力。RAG 则解决了这个问题，它可以通过外部数据库、存储库或互联网检索最相关的知识，从而确保大模型能够参考这些内容，进而确保响应准确且及时。

基于这些优势，RAG 技术在现实场景中的应用非常广泛。事实上，企业中现有的数据管理流程在一定程度上都可以通过 RAG 技术进行优化。

3.1.2 RAG 应用开发流程

在 RAG 应用的实现过程中，除了最终的生成阶段，我们通常认为 RAG 还会经历两个典型的开发阶段，一个是创建索引，另一个是实现检索。

1. 创建索引

在索引阶段，文档会以一种特定的方式被预处理，以便在检索过程中实现高效的搜索。这个过程可能会根据所使用的信息检索方法而有所不同。在 LLM 应用的开发过程中，我们通常使用向量搜索技术。向量搜索（Vector Search）也被称为语义搜索（Semantic Search）。该技术将文本文档通过嵌入模型转换为数字向量，然后根据查询向量与文档向量之间的余弦相似度或其他相似度 / 距离等度量标准来查找文档并对其进行排序，从而捕捉到更深层的语义。

在索引阶段，向量搜索的具体操作通常涉及：清理文档，并用额外的数据和元数据丰富它们；将它们分割成更小的分块信息，并执行嵌入操作；将它们存储在嵌入存储媒介，也就是向量数据库中。

索引阶段通常在离线状态下进行，这意味着不需要终端用户等待其完成。这可以通过一个类似定时任务的机制实现，并在一定时间之后重新索引公司内部文档。负责索引的代码也可以是一个单独的应用程序，只处理索引任务。然而，在某些情况下，终端用户可能希望上传他们的自定义文档，并访问 LLM。在这种情况下，索引阶段应该在线进行，并成为应用程序的一个组成部分。图 3-2 展示了 RAG 索引阶段的工作流程图。

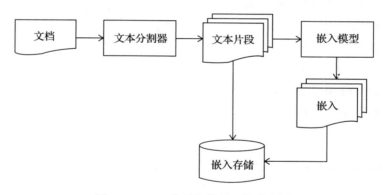

图 3-2　RAG 索引阶段的工作流程图

图 3-2 中出现了几个与 RAG 索引阶段紧密相关的核心概念，这里用一段话进行总结。在 RAG 的索引阶段，文档（Document）首先被输入系统。随后，文本分割器（TextSplitter）将文档分解为更小的片段，这些片段称为**文本片段**（TextSegment）。每个片段被交由嵌入模型（EmbeddingModel）进行处理，转换成能够捕捉其语义信息的数值向量，即**嵌入**（Embedding）。生成的嵌入向量被存储在**嵌入存储**（EmbeddingStore）中，这是一个专门用于存储和管理向量数据的数据库。这样，文档的语义内容被有效地转换和存储，从而为检索阶段的高效搜索和生成提供了基础。

2. 实现检索

相较于索引阶段，检索阶段通常在线上发生。当用户提交一个问题时，LLM 需要使用已索引的文档来进行回答。这个过程同样会根据所使用的信息检索方法而有所不同。这一阶段的向量搜索操作通常涉及：嵌入用户的查询，并在嵌入存储中执行相似性搜索；搜索结果中的相关部分，也就是原始文档的片段会被注入提示词中，进而发送给 LLM 并获取响应。图 3-3 展示的是 RAG 检索阶段的工作流程。

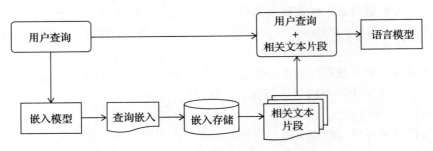

图 3-3　RAG 检索阶段的工作流程

图 3-3 中同样出现了一些与 RAG 检索阶段紧密相关的概念。在这个阶段，工作流程首先从用户提交的查询（Query）开始。这个查询被输入系统中，然后通过嵌入模型进行处理，将查询转换成一个数字向量，称为**查询嵌入**（Query Embedding）。接下来，系统在嵌入存储中执行相似性搜索，这个嵌入存储包含了之前索引阶段生成并存储的所有文档嵌入向量。通过比较查询嵌入与嵌入存储中的嵌入向量，系统能够识别出与查询最相关的文档段，这些文档段被称为相关片段（Relevant Segment）。这些相关片段随后被提取出来并注入提示词中，最终被发送给 LLM 进行处理，以生成响应或完成任务。整个过程确保了用户查询的语义内容能够与文档内容进行有效的匹配和检索。

3.2　基于 LangChain4j 实现文档检索助手

文档检索可以说是 RAG 技术最为典型的一个应用场景。在接下来的内容中，我们将借助 LangChain4j 这款 Java 领域的集成性开发框架构建一个文档检索助手。

3.2.1　LangChain4j 的聊天模型

在本节中，我们先从 LangChain4j 最核心的功能开始讲起，那就是聊天模型。

1. ChatLanguageModel

在 2.1 节中，我们讨论了聊天消息的 3 种类型，分别是用户消息、AI 消息和系统消息。这 3 种消息对于 LangChain4j 聊天模型同样适用。在 LangChain4j 中，我们可以借助 ChatLanguageModel 来构建聊天模型。它是一个接口，定义如代码清单 3-1 所示。

代码清单 3-1 ChatLanguageModel 定义代码

```
public interface ChatLanguageModel {

    default String generate(String userMessage) {
        return generate(UserMessage.from(userMessage)).content().text();
    }

    default Response<AiMessage> generate(ChatMessage... messages) {
        return generate(asList(messages));
    }

    Response<AiMessage> generate(List<ChatMessage> messages);

    default Response<AiMessage> generate(List<ChatMessage> messages,
        List<ToolSpecification> toolSpecifications) {
        throw new IllegalArgumentException("Tools are currently not supported
            by this model");
    }

    default Response<AiMessage> generate(List<ChatMessage> messages,
        ToolSpecification toolSpecification) {
        throw new IllegalArgumentException("Tools are currently not supported
            by this model");
    }
}
```

可以看到，ChatLanguageModel 本质上就是提供了一组 generate 重载方法，并交给自己的实现类进行实现。大家看到有一个 generate 方法接收一个字符串作为输入，并返回一个字符串作为输出，这看起来像是一种语言模型，而不是聊天模型。但这只是一种为了方便开发人员而设计的实现方法，这样他们就可以快速轻松地调用 API，而不需要将字符串包装在 UserMessage 中。但在这个方法背后，实际的聊天 API 如代码清单 3-2 所示。

代码清单 3-2 ChatLanguageModel 聊天 API

```
Response<AiMessage> generate(ChatMessage... messages);
Response<AiMessage> generate(List<ChatMessage> messages);
```

这些版本的 generate 方法接收一个或多个 ChatMessage 对象作为输入，并返回一个 AiMessage 对象。

ChatLanguageModel 的定义比较简单，那如何构建一个 ChatLanguageModel 对象呢？这就要分析该接口的具体实现类。LangChain4j 中内置了一组 ChatLanguageModel 接口的实现类，它们分别对应不同的 LLM。这里我们引入 OpenAiChatModel 这个常用的 ChatLanguageModel 类。OpenAiChatModel 中专门提供了一个 OpenAiChatModelBuilder

工具类来完成自身的创建过程。OpenAiChatModelBuilder 通过一组链式 API 来帮助开发人员快速填充这些参数，因此可以使用如代码清单 3-3 所示的方式来创建一个 OpenAiChatModel。

代码清单 3-3　利用 OpenAiChatModelBuilder 构建 OpenAiChatModel 示例

```
ChatLanguageModel model = OpenAiChatModel.builder()
    .apiKey(System.getenv("OPENAI_API_KEY"))
    .modelName(GPT_4_O)
    .maxTokens(50)
    .build();
```

当然，如果你只想使用 LangChain4j 默认的参数，那么用一行代码就可以创建一个 OpenAiChatModel，如代码清单 3-4 所示。

代码清单 3-4　利用 OpenAiChatModelBuilder 基于默认参数构建 OpenAiChatModel 示例

```
ChatLanguageModel model = OpenAiChatModel.withApiKey(ApiKeys.OPENAI_API_KEY);
```

对于 OpenAiChatModel 而言，ApiKey 是必须指定的参数，而其他参数都具备默认值。如果没有特殊要求，那么这些默认的参数可以满足大部分的开发需求。

现在，大家已经成功创建了一个 ChatLanguageModel，接下来就可以使用该聊天模型来创建对话了。同样，这里也以 OpenAiChatModel 为例，并结合 2.1 节中介绍的 PromptTemplate 给出对应的实现方式，示例代码如代码清单 3-5 所示。

代码清单 3-5　使用 OpenAiChatModel 聊天模型示例

```
static class RecipeGenerator  {
    public static void main(String[] args) {
        ChatLanguageModel model = OpenAiChatModel.builder()
            .apiKey(ApiKeys.OPENAI_API_KEY)
            .timeout(ofSeconds(60))
            .build();

        String template = 创建一个使用以下食材的 {{dishType}} 食谱：{{ingredients}}。";
        PromptTemplate promptTemplate = PromptTemplate.from(template);

        Map<String, Object> variables = new HashMap<>();
        variables.put("dishType", "烤盘菜");
        variables.put("ingredients", "土豆、番茄、奶酪、橄榄油 ");

        Prompt prompt = promptTemplate.apply(variables);
        String response = model.generate(prompt.text());
        System.out.println(response);
    }
}
```

可以看到，这里构建了一个 OpenAiChatModel，然后通过 PromptTemplate 创建了一个提示词。当我们将目标参数注入 PromptTemplate 之后，传递给 OpenAiChatModel 的实际上就是一个字符串。最后，这里调用 OpenAiChatModel 的 generate 方法获取了响应结果并打印。

2. AI 服务

到目前为止，大家已经掌握了诸如 ChatLanguageModel、ChatMessage 这样的低阶组件。在这个级别实现聊天功能是非常灵活的，低阶组件给予了开发人员完全的自由，但同时也迫使其编写大量样板代码。由于 LLM 应用通常需要多个组件共同协作，而且通常涉及多次交互，因此对这些组件进行编排就变得更加烦琐。这点和我们在使用 LangChain 框架时所碰到的问题实际上是类似的。开发人员希望能够专注于业务逻辑，而不是低级别的实现细节。LangChain4j 目前有两个高级概念可以帮助我们实现这一目标，即链（Chain）和 AI 服务（AI Service）。

链的概念源自 LangChain 框架，其思路是为每个常见的用例（如聊天机器人、RAG 等）创建一个链。链将多个低阶组件组合起来，并编排它们之间的交互（我们已经在第 2 章中掌握了 LangChain 中链的使用方式）。链的主要问题在于，如果需要定制某些内容，使用链的过程会变得过于复杂和死板。LangChain4j 目前只实现了两个链——ConversationalChain 和 ConversationalRetrievalChain，而且没有添加更多链的计划。因此，在本书中，我们并不准备对链进行专门的讨论。

为了解决链存在的问题，LangChain4j 提出了另一种更为优雅的解决方案，称为 AI 服务。AI 服务的思想是将 LLM 和其他组件交互的复杂性隐藏在一个简单的 API 背后。一起来看一下 AI 服务是如何做到这一点的。

如果你使用过 Spring Data JPA、MyBatis 或 Retrofit，那么你对 AI 服务的开发模式就不会陌生。AI 服务为开发人员提供了一种与这些框架非常类似的开发体验：你可以声明性地定义一个具有所需业务方法的接口，LangChain4j 会自动生成一个实现了该接口的对象，这是一个代理（Proxy）类。你可以将 AI 服务看作应用程序中服务层的一个组件，它会为你提供 AI 服务。这就是这个组件的命名由来。

那么，如何创建 AI 服务呢？首先，我们可以定义一个 Assistant 接口，其中只包含一个 chat 方法，该方法接收一个字符串作为输入，并返回一个字符串。Assistant 接口定义如代码清单 3-6 所示。

代码清单 3-6　Assistant 接口定义

```
interface Assistant {
    String chat(String userMessage);
}
```

然后，我们来创建低阶组件，这些组件将在 AI 服务的内部使用。在这种情况下，通常只需要创建一个 ChatLanguageModel，如代码清单 3-7 所示。

代码清单 3-7　创建 ChatLanguageModel

```
ChatLanguageModel model = OpenAiChatModel.withApiKey("demo");
```

最后，我们可以使用 AiServices 工具类来创建 AI 服务的实例，如代码清单 3-8 所示。

代码清单 3-8　创建 AI 服务实例

```
Assistant assistant = AiServices.create(Assistant.class, model);
```

现在大家就可以使用这个自定义的 Assistant 接口了，示例代码如代码清单 3-9 所示。

代码清单 3-9　使用 AI 服务示例

```
// 输入：你好
String answer = assistant.chat("你好");
// 输出：你好啊！有什么可以帮助你的吗？
System.out.println(answer);
```

是不是很简单？到这里，你可能会问：AiServices 类是如何做到这一点的呢？当访问由 AiServices 暴露的接口时，AiServices 会创建一个代理对象来实现这个接口。这个代理对象负责所有输入和输出的处理与转换。在上述示例中，输入是一个字符串，但使用的是一个 ChatLanguageModel，所以最终的输入对象是一个 ChatMessage。AiServices 会自动将用户输入转换为 UserMessage 并调用 ChatLanguageModel。由于 chat 方法的输出类型是一个字符串，因此当从 ChatLanguageModel 中获取到 AiMessage 对象之后，该对象会在 chat 方法返回之前被转换为一个字符串。

AI 服务可以和聊天消息无缝集成。设想有这样一个需求：当你向 LLM 输入"你好"时，希望返回的是一句俏皮话，而不是标准的官方答复。通常，我们可以通过在 SystemMessage 中提供指令来实现这一需求。这时候你可以定义如代码清单 3-10 所示的 Friend 接口。

代码清单 3-10　Friend 接口定义

```
interface Friend {
    @SystemMessage("你是我的好朋友，用俏皮话回答。")
    String chat(String userMessage);
}
```

在这个例子中出现了一个 @SystemMessage 注解，其中包含你想要使用的系统提示。该注解中的内容将会被自动转换为一个 SystemMessage，并与 UserMessage 一起发送给 LLM。然后，你可以通过 AiServices 类基于 Friend 接口创建一个 AI 服务并进行对话，如代码清单 3-11 所示。

代码清单 3-11　基于 Friend 接口创建 AI 服务

```
Friend friend = AiServices.create(Friend.class, model);
String answer = friend.chat("你好");
```

　　当执行这段代码时，得到的结果是"嘿嘿，你好啊！有啥开心事要和我分享吗？"，而不是经常看到的"你好啊！有什么可以帮助你的吗？"。这就是 AI 服务和 @SystemMessage 注解集成之后的运行效果。你可以选择你认为合适的方法来集成 AI 服务和聊天消息。

3.2.2　LangChain4j 的 RAG 技术组件

　　有了聊天模型，我们就可以在此基础上构建 RAG 应用了。针对 RAG，LangChain4j 提供了一个 Easy RAG 组件，它尽可能地简化了 RAG 的使用过程，并能够满足多种应用场景的需求。

　　借助于 Easy RAG，开发人员不需要了解如何嵌入和选择向量存储，也不需要找到合适的嵌入模型，以及弄清楚如何解析和分割文档等。开发人员要做的事情只是提供文档，然后让 RAG 组件指向这些文档。之后，LangChain4j 就会施展它的"魔法"。当然，Easy RAG 的数据处理质量会低于那些定制化的 RAG 组件。然而，这是开发人员学习 RAG 的最简单方式。当掌握了这个组件之后，你将能够从 Easy RAG 平滑过渡到更高级的 RAG，逐步调整和定制 RAG 应用，以适应更多的应用场景。

　　下面帮大家梳理一下 Easy RAG 为开发人员提供的核心技术组件及其作用，如表 3-1 所示。

表 3-1　Easy RAG 的核心技术组件及其作用

组件	作用
DocumentLoader	加载文档
DocumentParser	解析文档
DocumentSplitter	分割文档
DocumentTransformer	转换文档
EmbeddingModel	将文本片段转换成嵌入
EmbeddingStore	存储嵌入
ContentRetriever	检索嵌入
EmbeddingStoreIngestor	自动完成对文档和嵌入的转换
QueryTransformer	对查询过程进行转换
QueryRouter	对查询过程进行路由

　　在后续内容中，我们会结合案例对表中的所有技术组件进行全面的讲解。

1. 文档处理

　　文档处理是实现 RAG 的第一个关键步骤。而针对文档处理，我们也可以借助 LangChain4j 来分别实现其中的文档加载和文本片段处理操作。

　　在 LangChain4j 中，一个 Document 类表示整个文档，比如单个的 PDF 文件或者一个网页。Document 类很简单，只定义了一个 String 类型的 text 字段。在日常开发过程中，一般不太可能会直接使用 Document 类来创建文档，而是采用文档加载器（DocumentLoader）来实现这一目标。在 LangChain4j 中，文档加载器和文档解析器（DocumentParser）通常是配套使用的，因为在文件加载的过程中，开发人员需要针对不同的文档格式来确保对其进行正确的解析。

LangChain4j 内置一组文档加载器，包括 FileSystemDocumentLoader 和 UrlDocument-Loader 等，同时支持 GitHubDocumentLoader 和 AmazonS3DocumentLoader 等与外部平台进行集成的文档加载器。从定位上讲，文档加载器主要关注的是文档的来源，而文档解析器关注的才是文档的类型。LangChain4j 可以处理各种格式的文件，如 PDF、DOC、TXT 等。

通过将文档加载器和文档解析器整合在一起，开发人员就可以实现常见的文档处理了。我们来看一些示例，如代码清单 3-12 所示。

代码清单 3-12　整合文档加载器和文档解析器示例

```
// 加载单个纯文本格式的文档
Document document = FileSystemDocumentLoader.loadDocument("/home/langchain4j/
    file.txt", new TextDocumentParser());

// 从一个文件目录中加载所有文档
List<Document> documents = FileSystemDocumentLoader.loadDocuments("/home/
    langchain4j", new TextDocumentParser());

// 构建一个路径匹配器，从特定目录中加载所有后缀为 .txt 的文档
PathMatcher pathMatcher = FileSystems.getDefault().getPathMatcher("glob:*.txt");
List<Document> documents = FileSystemDocumentLoader.loadDocuments("/home/
    langchain4j", pathMatcher, new TextDocumentParser());

// 循环遍历特定文件目录，加载该目录及其子目录下的所有文档
List<Document> documents = FileSystemDocumentLoader.loadDocuments-
    Recursively("/home/langchain4j", new TextDocumentParser());
```

这里重点演示了 FileSystemDocumentLoader 文档加载器以及 TextDocumentParser 文档解析器的使用方式，其他组件的使用方式也与之类似。

加载完文档后，接下来要做的事情是将它们分割成较小的片段（Segment）。LangChain4j 使用 TextSegment 类来表示文本片段。类似于 Document 对象，开发人员通常不会直接使用 TextSegment 类来创建文本片段，而是采用**文档分割器**（DocumentSplitter）组件来实现这一目标。

LangChain4j 内置了一组即插即用的 DocumentSplitter，包括 DocumentByParagraph-Splitter、DocumentByLineSplitter 和 DocumentBySentenceSplitter 等。这些 DocumentSplitter 的工作原理都是类似的，大家可以调用 DocumentSplitter 的 split(Document) 或 splitAll(List<Document>) 方法将给定的文档分割为更小的单元，分割的效果因分割器而异。例如，DocumentBy-

ParagraphSplitter 能将文档分割成段落（由两个或多个连续换行符定义），而 DocumentBy-SentenceSplitter 则使用 OpenNLP 库的句子检测器将文档分割成句子，依此类推。分割完之后，DocumentSplitter 会将这些较小的文本单元（包括段落、句子、单词等）组合成 TextSegment，并为每个 TextSegment 建立索引以方便管理。

2. 文本嵌入

我们前面完成了文档的加载和分割，得到了一组 TextSegment。请注意，这些 TextSegment 本质上都是文本，并不能直接被 LLM 处理。而将文本转化为 LLM 可处理内容的关键一步就是**文本嵌入**。在 LangChain4j 中，与嵌入相关的技术组件主要有两类，一类是嵌入模型，另一类是嵌入存储。我们一起来看一下。

针对嵌入这个比较抽象的概念，LangChain4j 提供了一个 Embedding 类，该类封装了一个数值向量，表示已嵌入内容的"语义含义"。嵌入对象通常是文本，比如前面已经介绍过的 TextSegment。

那么如何构建 Embedding 对象呢？我们可以使用 EmbeddingModel。EmbeddingModel 表示一种特殊类型的模型，它将文本转换为嵌入。目前 LangChain4j 集成了业界主流的嵌入模型，支持多种常见的模型平台，包括国外的 OpenAI、Ollama、Google Vertex AI 以及国内的 ZhipuAI 等。这里以 OpenAI 嵌入模型为例，看看如何对一段文本执行嵌入操作，示例代码如代码清单 3-13 所示。

代码清单 3-13　OpenAiEmbeddingModel 使用示例

```
EmbeddingModel embeddingModel = OpenAiEmbeddingModel.withApiKey("demo");

Response<Embedding> response = embeddingModel.embed("杭州有一个西湖");
System.out.println(response);
```

上述代码的执行结果如代码清单 3-14 所示。请注意，虽然这句文本非常短，但生成的嵌入结果非常长，这里只截取了很小一部分进行展示。

代码清单 3-14　OpenAiEmbeddingModel 执行结果

```
Response { content = Embedding { vector = [0.013737877, 0.0060141524,
    0.023988498, 0.005595273, -0.033237897,
...
-0.012041926, 0.040784534, -0.004382907, 0.004168359, 0.008316285, -0.0250374]
    }, tokenUsage = TokenUsage { inputTokenCount = 10, outputTokenCount =
    null, totalTokenCount = 10 }, finishReason = null }
```

讲到这里，你只需要知道 LangChain4j 在内部是将文本转换为上述所示的嵌入进行处理的，嵌入的本质就是一个包含多维数据的向量。

现在，大家已经成功通过 EmbeddingModel 获取了一组 Embedding 对象。下一步要做的事情就是把它们存储起来以便执行后续的检索操作。在 LangChain4j 中，EmbeddingStore 接口对应的是嵌入存储。因为嵌入的表现形式是向量，所以也可以把 EmbeddingStore 称为向量数据库。

EmbeddingStore 的核心功能就是添加和移除嵌入。一方面，EmbeddingStore 可以仅通过 ID 值存储嵌入。原始的嵌入数据可以存储在其他地方，并通过 ID 进行关联。另一方面，它也可以同时存储嵌入和原始数据，这个原始数据通常指的就是 TextSegment。

请注意，EmbeddingStore 接口定义了一个非常重要的方法，即基于搜索条件来检索目标嵌入的 search 方法。该方法的输入参数是一个 EmbeddingSearchRequest 对象，表示在 EmbeddingStore 中执行搜索的请求。EmbeddingSearchRequest 对象所包含的核心字段如代码清单 3-15 所示。

代码清单 3-15　EmbeddingSearchRequest 对象定义

```java
public class EmbeddingSearchRequest {
    private final Embedding queryEmbedding;
    private final int maxResults;
    private final double minScore;
    private final Filter filter;
}
```

这里的 queryEmbedding 字段代表检索过程中作为参考的 Embedding 对象；maxResults 字段用于指定要返回的最大结果数，默认值为 3；minScore 代表最小评分数，EmbeddingStore 的检索过程只会返回分数 " >= minScore " 的嵌入；最后的 filter 代表在检索期间应用于元数据的过滤器，系统只返回元数据中与过滤器匹配的 TextSegment。

EmbeddingSearchResult 代表在 EmbeddingStore 中执行搜索的结果。它包含一个 EmbeddingMatch 列表。EmbeddingMatch 表示一个匹配的嵌入，包括其相关性分数、ID 和原始嵌入的 TextSegment 数据，如代码清单 3-16 所示。

代码清单 3-16　EmbeddingSearchResult 和 EmbeddingMatch 对象定义

```java
public class EmbeddingSearchResult<Embedded> {
    private final List<EmbeddingMatch<Embedded>> matches;
}

public class EmbeddingMatch<Embedded> {
    private final Double score;
    private final String embeddingId;
    private final Embedding embedding;
    private final Embedded embedded;
}
```

　　和 EmbeddingModel 一样，LangChain4j 也为开发人员提供了大量 EmbeddingStore 实现类，既包括 Pinecone、Chroma 这样的专用向量数据库，也包括 Elasticsearch、Redis、Neo4j、MongoDB 等在 Java 领域中应用非常广泛的 NoSQL 数据库，这些数据库也支持对嵌入的存储操作。另外，LangChain4j 还内置了一个基于内存的 EmbeddingStore 实现类 InMemoryEmbeddingStore，该实现类使用 CopyOnWriteArrayList 存储 Embedding 对象。

　　我们可以通过一个示例来掌握 EmbeddingStore 的使用方法，如代码清单 3-17 所示。

代码清单 3-17　EmbeddingStore 使用示例

```
// 创建一个 InMemoryEmbeddingStore
InMemoryEmbeddingStore<TextSegment> embeddingStore = new InMemoryEmbeddingStore<>();

// 创建 EmbeddingModel
EmbeddingModel embeddingModel = new AllMiniLmL6V2EmbeddingModel();

// 创建两个 TextSegment, 并把它们存储到 InMemoryEmbeddingStore 中
TextSegment segment1 = TextSegment.from(" 杭州有一个西湖。");
Embedding embedding1 = embeddingModel.embed(segment1).content();
embeddingStore.add(embedding1, segment1);

TextSegment segment2 = TextSegment.from(" 杭州是浙江的省会。");
Embedding embedding2 = embeddingModel.embed(segment2).content();
embeddingStore.add(embedding2, segment2);

// 创建作为参考的嵌入
Embedding queryEmbedding = embeddingModel.embed(" 杭州有什么景点? ").content();

// 发送检索请求
EmbeddingSearchRequest request = new EmbeddingSearchRequest(queryEmbedding, 1,
    0.0, null);

// 执行检索并获取检索结果
EmbeddingSearchResult<TextSegment> result = embeddingStore.search(request);
List<EmbeddingMatch<TextSegment>> relevant = result.matches();
EmbeddingMatch<TextSegment> embeddingMatch = relevant.get(0);

// 打印检索结果
System.out.println(embeddingMatch.score());
System.out.println(embeddingMatch.embedded().text());
```

　　上述代码的执行结果如代码清单 3-18 所示。

代码清单 3-18　EmbeddingStore 的执行结果

```
0.8047901292563397
杭州有一个西湖。
```

可以看到，整个检索过程还是比较简单的，符合前述内容中对于 EmbeddingStore 的解释。

3. 内容检索

在把文档以嵌入的形式加载进 EmbeddingStore 中之后，下一步就可以执行检索操作了。虽然我们在前面演示了 EmbeddingStore 的 search 方法，但该方法偏向于底层操作，无法天然地将 EmbeddingStore 和 EmbeddingModel 整合在一起。为此，LangChain4j 设计了一套内容检索器（ContentRetriever）组件。这些检索器只是对 EmbeddingStore 中 search 方法的封装，没有什么特别之处。唯一需要强调的就是，它们会通过 EmbeddingModel 把检索条件转换为一个 Embedding 对象，从而将其作为 search 方法的输入参数。这样，EmbeddingStore 就可以基于 Embedding 底层的向量计算来执行检索操作。

在实际应用过程中，我们可以把内容检索器和 AI 服务整合在一起来实现定制化的聊天功能。首先，我们可以定义一个 Assistant 接口专门用来实现聊天交互过程，如代码清单 3-19 所示。

代码清单 3-19　Assistant 接口定义

```
public interface Assistant {
    String answer(String query);
}
```

然后，我们需要基于这个 Assistant 接口构建 AI 服务，而这个 AI 服务将访问某个文件路径下的文件以实现 RAG，如代码清单 3-20 所示。

代码清单 3-20　基于 Assistant 接口构建 AI 服务示例

```
private static Assistant createAssistant(String documentPath) {
    // 首先创建一个 ChatLanguageModel
    ChatLanguageModel chatLanguageModel = OpenAiChatModel.builder()
        .apiKey(OPENAI_API_KEY)
        .modelName("gpt-3.5-turbo")
        .logRequests(true)
        .logResponses(true)
        .build();

    // 构建 DocumentParser，并通过 FileSystemDocumentLoader 从目标路径加载文档
    DocumentParser documentParser = new TextDocumentParser();
    Document document = FileSystemDocumentLoader.loadDocument(toPath(
        documentPath), documentParser);

    // 构建一个 DocumentSplitter 对文档进行分割，获取一组 TextSegment
    DocumentSplitter splitter = DocumentSplitters.recursive(300, 0);
    List<TextSegment> segments = splitter.split(document);
```

```
    // 调用 EmbeddingModel 将 TextSegment 转化为 Embedding
    EmbeddingModel embeddingModel = new BgeSmallEnV15QuantizedEmbedding-
        Model();
    List<Embedding> embeddings = embeddingModel.embedAll(segments).content();

    // 将 Embedding 保存到 EmbeddingStore 中
    EmbeddingStore<TextSegment> embeddingStore = new InMemoryEmbeddingStore<>();
    embeddingStore.addAll(embeddings, segments);

    // 构建 ContentRetriever 关联 EmbeddingModel 和 EmbeddingStore，用于执行检索
    ContentRetriever contentRetriever = EmbeddingStoreContentRetriever.builder()
        .embeddingStore(embeddingStore)
        .embeddingModel(embeddingModel)
        .maxResults(2)
        .minScore(0.5)
        .build();

    // 创建一个 ChatMemory
    ChatMemory chatMemory = MessageWindowChatMemory.withMaxMessages(10);

    // 最后对上述组件进行整合，从而构建 AI 服务
    return AiServices.builder(Assistant.class)
        .chatLanguageModel(chatLanguageModel)
        .contentRetriever(contentRetriever)
        .chatMemory(chatMemory)
        .build();
}
```

上述实现过程非常清晰，这里我们基于 EmbeddingModel 和 EmbeddingStore 构建了一个 EmbeddingStoreContentRetriever 组件，并把它和 AI 服务整合在一起。我们演示了如何综合运用各个核心 RAG API 来构建完整的交互流程。

很多时候，开发人员希望尽量简化从文档到嵌入的存储和检索工作，这时候就可以引入 EmbeddingStoreIngestor 组件。在 LangChain4j 中，EmbeddingStoreIngestor 代表一个数据提取（Ingestion）管道，负责将文档提取（Ingest）到一个嵌入存储中。

有了 EmbeddingStoreIngestor 之后，下一步就可以把它和 AI 服务组件整合在一起，整合过程如代码清单 3-21 所示。

代码清单 3-21　EmbeddingStoreIngestor 整合 AI 服务示例

```
// 加载用于实现 RAG 的文档信息
List<Document> documents = loadDocuments(toPath("documents/"), glob("*.txt"));

// 创建一个 InMemoryEmbeddingStore 来存储文档对应的嵌入信息
InMemoryEmbeddingStore<TextSegment> embeddingStore = new InMemoryEmbeddingStore<>();
```

```
// 创建一个 EmbeddingStoreIngestor
EmbeddingStoreIngestor.ingest(documents, embeddingStore);

// 根据 EmbeddingStore 创建一个 ContentRetriever
ContentRetriever contentRetriever = EmbeddingStoreContentRetriever.from(embeddingStore);

Assistant assistant = AiServices.builder(Assistant.class)
    .chatLanguageModel(OpenAiChatModel.withApiKey(OPENAI_API_KEY))
    .chatMemory(MessageWindowChatMemory.withMaxMessages(10))
    .contentRetriever(createContentRetriever(documents))
    .build();
```

上述代码是不是很简洁？大家应该从代码量上明显感受到了差别。通过引入
EmbeddingStoreIngestor，可以省略很多操作 RAG 底层 API 的重复性代码，从而更好地关
注聊天模型的构建和交互过程。而在底层实现机制上，EmbeddingStoreIngestor 通过 JDK 的
SPI 机制实现了对 EmbeddingModel 等对象的动态创建。

让我们在代码工程的 resources 目录中添加一个 documents 文件夹并导入一个关于苏东
坡生平履历的 TXT 文件，然后执行如代码清单 3-22 所示的代码。

代码清单 3-22　AI 服务提问示例

```
String userQuery = "苏东坡是谁？";
String agentAnswer = assistant.answer(userQuery);
System.out.println(agentAnswer);
```

上述代码的输出结果如代码清单 3-23 所示。

代码清单 3-23　"苏东坡是谁？"的提问结果

苏东坡（苏轼）是中国北宋时期著名的文学家、政治家、书法家和画家。他以豪放派词风著称，被认为是中
国文学史上的巨匠之一。苏轼还曾在政治上有过一定的成就，但也多次因得罪当时的权贵而被贬谪。他
和陆游并称"苏陆"，与辛弃疾并称"苏辛"。他的作品影响深远，被后人尊称为"东坡先生"。

现在，让我们换一个问题——"苏东坡主要有哪些代表作品？"，得到的响应结果如代
码清单 3-24 所示。

代码清单 3-24　"苏东坡主要有哪些代表作品？"的提问结果

苏东坡的主要代表作品包括诗文集《东坡七集》和《东坡乐府》。他的词集传世，被宋人王宗稷收编。此外，
苏东坡与苏辙在郑州西门外告别的情节也是他的重要经历之一。

以上结果都是 LangChain4j 通过向量检索的方式从离线的私有数据文件中获取的结果。
原则上，你可以添加任何你认为有需要的文件到 RAG 系统中，并以对话聊天的方式获取文
档检索结果。

3.3 使用高级 RAG 技术实现强化版文档检索助手

目前,我们使用各个组件构建的是一种基础 RAG 应用。借助这种基础 RAG 技术,该应用可以做到灵活扩展和广泛适用,但这还不够。为了提高检索准确性,我们可以在检索之前对查询内容进行优化。这就需要引入本节要介绍的高级 RAG 技术。

高级 RAG 技术的基本思路是在进行向量搜索或其他搜索之前对查询的文本进行优化,从而让用户提出的问题更为清晰,以获得更为准确的向量空间位置。

检索预处理的常见做法包括**查询压缩**(Query Compression)、**查询路由**(Query Routing)和**查询重写**(Query Rewriting)等。本节将重点演示查询压缩和查询路由这两种实现机制,而关于查询重写,我们会在第 4 章介绍纠错型 RAG 应用时再进行详细介绍。

3.3.1 查询压缩

我们先来解释第一种查询压缩机制,它是一种用于构建更复杂 RAG 应用的常用机制。通常,在多轮会话场景中,用户在提出后面的问题时会引用前面对话中的部分内容,而不会重复前面的完整信息。在这种场景下,LLM 在获取后面这个问题时是缺乏有效检索所需细节的。例如,考虑如代码清单 3-25 所示的多轮会话。

代码清单 3-25　多轮会话示例

```
用户: 张三是干什么的?
AI: 张三是 ...
用户: 他是什么时候出生的?
```

在这种情况下,如果使用基本的 RAG 方法,那么对于"他是什么时候出生的?"这样的查询,LLM 可能无法找到有关"张三"这个人的文档,因为查询语句中没有包含"张三"这个关键词。这时候就可以引入查询压缩机制。借助该机制,LLM 会获取用户的查询及之前的对话,然后将这些信息"压缩"成一个单一的、自包含的查询。针对代码清单 3-25 中的示例,LLM 应该生成这样一个查询语句——"张三是什么时候出生的?"。显然,这种方法增加了一些延迟和成本,但显著提高了 RAG 的质量。我们来看一个具体的示例,如代码清单 3-26 所示。

代码清单 3-26　查询压缩实现示例

```
Document document = loadDocument(toPath(documentPath), new TextDocumentParser());
EmbeddingModel embeddingModel = new BgeSmallEnV15QuantizedEmbeddingModel();
EmbeddingStore<TextSegment> embeddingStore = new InMemoryEmbeddingStore<>();

EmbeddingStoreIngestor ingestor = EmbeddingStoreIngestor.builder()
    .documentSplitter(DocumentSplitters.recursive(300, 0))
    .embeddingModel(embeddingModel)
```

```
    .embeddingStore(embeddingStore)
    .build();

ingestor.ingest(document);

ChatLanguageModel chatLanguageModel = OpenAiChatModel.builder()
    .apiKey(OPENAI_API_KEY)
    .build();

// 创建一个压缩查询转换器 CompressingQueryTransformer
QueryTransformer queryTransformer = new CompressingQueryTransformer(
    chatLanguageModel);

ContentRetriever contentRetriever = EmbeddingStoreContentRetriever.builder()
    .embeddingStore(embeddingStore)
    .embeddingModel(embeddingModel)
    .maxResults(2)
    .minScore(0.6)
    .build();

// 创建一个检索增强器 RetrievalAugmentor
RetrievalAugmentor retrievalAugmentor = DefaultRetrievalAugmentor.builder()
    .queryTransformer(queryTransformer)
    .contentRetriever(contentRetriever)
    .build();

return AiServices.builder(Assistant.class)
    .chatLanguageModel(chatLanguageModel)
    .retrievalAugmentor(retrievalAugmentor)
    .chatMemory(MessageWindowChatMemory.withMaxMessages(10))
    .build();
```

在上述代码中，首先，创建了一个压缩查询转换器对象 CompressingQueryTransformer，它负责将用户的查询和之前的对话压缩成一个单一的、独立的查询。这会显著提高检索过程的质量。接着，创建了一个检索增强器对象 RetrievalAugmentor。RetrievalAugmentor 在 LangChain4j 中作为进入 RAG 流程的入口，我们可以对它进行配置以根据要求定制 RAG 应用的行为。

如果你准备了关于"张三"的相关资料文档，那么传入上述代码中就会得到正确的结果。而如果你去掉 CompressingQueryTransformer 和 RetrievalAugmentor 而只使用 ContentRetriever，那么得到的结果则是不正确的。通过对比，大家可以明确发现查询压缩机制在这类场景中能够有不错的发挥。

3.3.2　查询路由

我们接着来看第二种非常实用的 RAG 高级特性——查询路由。查询路由适用于这样一种场景：外部数据分散存储但需要集中检索。

　　通常，一个公司的业务数据可能以多种格式分散存储在多个数据源中。这可能包括 Wiki 上的公司内部文档、Git 仓库中的项目代码、关系数据库中的用户数据，或者以索引的形式在搜索引擎中呈现的商品信息等。在利用多个数据源的 RAG 流程中，你可能会拥有多个 EmbeddingStore 或 ContentRetriever。当你发起一个数据查询操作时，原则上可以将每个查询路由到所有可用的 ContentRetriever，但这种方法可能效率低下甚至适得其反。

　　查询路由则是应对这一挑战的有效方案。它可以将查询定向到最合适的一个或多个 ContentRetriever。这一路由过程可以通过多种方式实现，如使用规则（根据用户的权限、位置等信息进行路由）、使用关键词（如果查询包含单词 X、Y 和 Z，则将其路由到 ContentRetriever Y 等），或者交由 LLM 自己进行路由决策。接下来，同样通过一个代码示例来演示查询路由机制，如代码清单 3-27 所示。

代码清单 3-27　查询路由实现示例

```
EmbeddingModel embeddingModel = new BgeSmallEnV15QuantizedEmbeddingModel();

// 创建第一个 EmbeddingStore 和 ContentRetriever
EmbeddingStore<TextSegment> biographyEmbeddingStore =
    embed(toPath("document/scenic_spots_in_hangzhou.txt"), embeddingModel);
ContentRetriever biographyContentRetriever = EmbeddingStoreContentRetriever.builder()
    .embeddingStore(biographyEmbeddingStore)
    .embeddingModel(embeddingModel)
    .maxResults(2)
    .minScore(0.6)
    .build();

// 创建第二个 EmbeddingStore 和 ContentRetriever
EmbeddingStore<TextSegment> termsOfUseEmbeddingStore =
    embed(toPath("documents/appointment_registration_guide.txt"), embeddingModel);
ContentRetriever termsOfUseContentRetriever = EmbeddingStoreContentRetriever.builder()
    .embeddingStore(termsOfUseEmbeddingStore)
    .embeddingModel(embeddingModel)
    .maxResults(2)
    .minScore(0.6)
    .build();

ChatLanguageModel chatLanguageModel = OpenAiChatModel.builder()
    .apiKey(OPENAI_API_KEY)
    .build();

// 创建查询路由
Map<ContentRetriever, String> retrieverToDescription = new HashMap<>();
retrieverToDescription.put(biographyContentRetriever, "杭州景点");
```

```
retrieverToDescription.put(termsOfUseContentRetriever, "预约挂号指南");
QueryRouter queryRouter = new LanguageModelQueryRouter(chatLanguageModel,
    retrieverToDescription);

// 创建 RetrievalAugmentor
RetrievalAugmentor retrievalAugmentor = DefaultRetrievalAugmentor.builder()
    .queryRouter(queryRouter)
    .build();

return AiServices.builder(Assistant.class)
    .chatLanguageModel(chatLanguageModel)
    .retrievalAugmentor(retrievalAugmentor)
    .chatMemory(MessageWindowChatMemory.withMaxMessages(10))
    .build();
```

上述代码分别基于不同的外部文档创建了两个不同的 EmbeddingStore 及其对应的 ContentRetriever，然后通过一个 QueryRouter 组件实现了查询路由。当用户输入不同的提示词时，LangChain4j 会自动根据输入内容选择合适的 ContentRetriever 来执行查询操作。而这个自动路由的过程是由 LLM 来决定的，因为这里构建的是一个 LanguageModelQueryRouter。

接着，通过输入如代码清单 3-28 所示的用户消息来验证查询路由的执行效果。

代码清单 3-28　查询路由输入示例

首先提问："杭州有哪些景点？"
然后提问："我应该如何申请挂号预约？"

上述请求的执行日志中包含如代码清单 3-29 所示的核心信息。

代码清单 3-29　查询路由执行日志的核心信息

```
Routing query '杭州有哪些景点?' to the following retriever: dev.langchain4j.
    rag.content.retriever.EmbeddingStoreContentRetriever@3624c109
Routing query '我应该如何申请挂号预约? ' to the following retriever: dev.
    langchain4j.rag.content.retriever.EmbeddingStoreContentRetriever@6af432c2
```

显然，不同的用户输入命中了不同的 ContentRetriever，而这正是 QueryRouter 的强大之处。

3.4　本章小结

本章详细介绍了通用文档检索助手系统的实现过程，该系统利用了 RAG 技术来提高 LLM 在特定任务上的表现。首先，我们解释了 RAG 的核心概念，包括其优势和应用开发过程，特别是创建索引和实现检索两个关键步骤。接着，基于 LangChain4j 框架，我们展示了如何实现文档检索助手，包括聊天模型的构建、AI 服务的使用以及 RAG 技术组件的集成。通过文档处理、文本嵌入和内容检索等步骤，我们实现了一个能够从大量文档中快速检索出相关信息的 LLM 应用。此外，本章还探讨了查询压缩和查询路由等高级 RAG 技术，以进一步提升检索的准确性和效率。通过本章的学习和实践，读者可以掌握如何利用 RAG 技术构建强大的文档处理类 LLM 应用程序。

CHAPTER 4

第 4 章

开发纠错型 RAG 应用

第 3 章基于 LangChain4j 框架构建了一款通用的文档检索助手，其核心技术体系就是 RAG。在本章中，我们将引入一种更为智能化的 RAG 技术，即纠错型 RAG（Corrective RAG，CRAG）。纠错型 RAG 是一种 RAG 的改进方法，旨在提高生成模型在面对检索错误时的鲁棒性。

纠错型 RAG 将自我反省和自我评估机制引入文档检索过程中。基于目前论文的研究结果，我们可以采用一些具体的策略来实现纠错型 RAG，这些策略包括：

❑ 如果至少有一份文档的相关性评分超过了设定的阈值，则继续生成。

❑ 将文档划分为知识片段，对每个片段进行评分，并过滤掉不相关的片段。

❑ 如果所有文档的相关性评分都低于阈值，则需要寻找额外的资料来源，例如，使用网络搜索手段来补充检索内容。

基于上述策略，图 4-1 展示了纠错型 RAG 的完整执行流程。

可以看到，图 4-1 展示了一个实际的工作流程。我们可以引入工作流引擎来实现纠错型 RAG 应用。工作流的优势在于模块化开发，对业务节点进行抽象，做到流程与业务逻辑分离，方便进行业务节点组装，这也是很多低代码平台的底层工作原理。类似于纠错型 RAG 这样的 LLM 应用特别适合以工作流的思路进行构建。

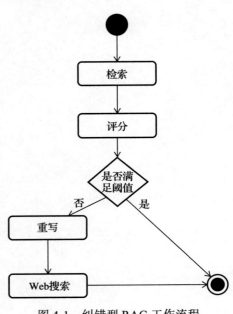

图 4-1　纠错型 RAG 工作流程

我们可以忽略 LLM 的细节，仅把 LLM 理解成一个万能的 API。传统的 API 都有固定的入参、出参和功能，而 LLM 会根据提示词做推理，具体做什么、返回什么则需要用户来自定义。以一个典型的场景为例，我们对系统日志进行检测，一旦发现异常，则发送邮件到指定的邮件组，这就是一种纠错机制。在本章中，我们将借助 LangChain4j 框架，并基于工作流引擎来实现一个纠错型 RAG 应用。

4.1 纠错型 RAG 应用的核心组件

CRAG 的核心思想是在 RAG 中引入一种轻量级的检索评估器，以评估检索结果的整体质量，并触发不同的知识检索动作。假设我们有一组文档，通过 RAG 应用对文档进行检索，如果至少有一个文档的相关性评分超过阈值，则继续生成。而如果所有文档的相关性评分都低于阈值，或者评估器的评分不确定，则 CRAG 会寻求额外的数据源，这时候可以使用 Web 搜索来补充检索内容。

基于 CRAG 的设计思想，我们需要设计并开发如下几个核心组件：
- ❑ 一组文档列表，用于搜索答案。
- ❑ 一个 LLM，用于生成答案。
- ❑ 一个查询转换器，用于对查询操作进行转换，从而执行更合适的查询操作。
- ❑ 一个 Web 搜索器，用于在网络上搜索额外的答案。
- ❑ 一个向量检索器，用于使用嵌入向量搜索答案（这个组件是可选的）。

在 CRAG 应用的执行过程中，因为涉及多个步骤之间的相互协作，所以可以把它抽象成一种工作流机制。我们可以使用接下来介绍的 LangChain4j Workflow 这个工作流引擎来实现 CRAG 应用，并对工作流实现可视化。

4.2 基于 LangChain4j Workflow 实现工作流

想要构建工作流，开发人员通常需要引入特定的工作流引擎，如常见的 activiti。而在 LangChain4j 的世界中，我们可以引入一款类似的开发框架，即 LangChain4j Workflow。

LangChain4j Workflow 是一个动态的、显示状态的工作流引擎，灵感来源于图网络库。它赋予开发者对其应用程序的流程和状态进行细粒度控制的能力。这个引擎是构建复杂应用程序的一种基础设施，例如，当我们实现 RAG 应用时，其中的流程和状态至关重要，就可以应用 LangChain4j Workflow。LangChain4j Workflow 支持定制化的业务行为，从而显著提高响应的灵活性。在本节中，我们将详细分析 LangChain4j Workflow 的工作原理，并给出基础实现示例。

4.2.1　LangChain4j Workflow 的工作原理

LangChain4j Workflow 受到 LangGraph、Graphviz 和 Apache Beam 等框架影响，具备一系列优势。它允许开发人员将复杂业务的工作流定义为图，以实现循环、控制和条件决策等需求，具备灵活性。更为重要的是，LangChain4j Workflow 旨在与 LangChain4j 无缝集成，使得开发人员能够使用 LangChain4j 提供的所有功能来定义工作流。这种集成性可以为构建高级 AI 应用程序提供一套全面的工具集。

1. 工作流组件的定义

对于任何一款工作流，我们都需要定义一组基础的技术组件，包括节点（Node）、边（Edge）以及节点到节点的转换（Transition）。而在执行转换操作时，我们也会基于具体的场景添加一些条件（Condition），从而更加灵活地控制转换的过程和结果。

（1）节点和边

工作流的基本组成部分是节点和边，其中节点代表工作流中的一个具体步骤，通常会包含节点的名称及其对应的输入和输出结构。而节点的作用就是对输入进行处理并生成输出。因此，我们可以采用如代码清单 4-1 所示的方式来定义一个节点。

代码清单 4-1　节点定义

```java
public class Node<T, R> {
    @Getter
    private final String name;
    private final Function<T, R> function;

    public Node(@NonNull String name, @NonNull Function<T, R> function) {
        if (name.trim().isEmpty()) {
            throw new IllegalArgumentException("Node name cannot be empty");
        }
        this.name = name;
        this.function = function;
    }
...
}
```

可以看到，这里的节点 Node 是一个泛型结构，我们定义它的输入为泛型 T，而输出则为 R。在 Node 内部，显然应该包含一个 name 字段用来定义节点的名称。而另一个变量 function 则是 Java 中的一个函数式编程对象，专门用来封装针对该节点的数据操作。

针对 function 变量，我们可以定义一个 execute 方法来对输入 T 进行处理并返回结果 R。同时，我们可以基于一个 name 字段和一个 function 函数对象来构建 Node。完整版本的 Node 定义如代码清单 4-2 所示。

代码清单 4-2　完整版本的 Node 定义

```java
public class Node<T, R> {
    @Getter
    private final String name;
    private final Function<T, R> function;

    public Node(@NonNull String name, @NonNull Function<T, R> function) {
        if (name.trim().isEmpty()) {
            throw new IllegalArgumentException("Node name cannot be empty");
        }
        this.name = name;
        this.function = function;
    }

    public R execute(T input) {
        return function.apply(input);
    }

    public static <T, R> Node<T, R> from(String name, Function<T, R> function) {
        return new Node<>(name, function);
    }
}
```

可以看到，这里直接使用 Function 类的 apply 方法来执行 Node 的业务逻辑。

不难想象，如果我们有两个 Node，那么就可以构建工作流的一条边。我们后续会演示边的创建过程。

（2）条件

在工作流的执行过程中，通常会发现某个节点的下一个节点并不是唯一确定的，而是存在多个潜在的后续节点的，如图 4-2 所示。

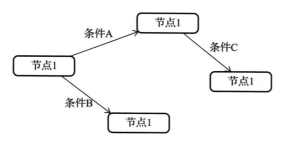

图 4-2　工作流中带有条件的节点

这时候就需要引入条件判断机制来决定某一个节点的后续节点究竟是哪一个。条件组件专门用来满足这类场景。它的实现方式比较简单，本质上就是一个函数式编程组件。本例中使用 Function 组件来实现条件组件，如代码清单 4-3 所示。

代码清单 4-3　Function 组件定义

```
Function<T, Node<T,?>>
```

请注意，这个 Function 组件的输入也是 T，和 Node 的输入保持一致，这意味着它可以直接作用于目标 Node，并返回一个新的 Node 对象。基于 Function 组件，我们可以实现如代码清单 4-4 所示的条件类 Conditional，用于对输入进行条件判断。

代码清单 4-4　Conditional 类实现

```
public class Conditional<T> {
    private final Function<T, Node<T,?>> condition;

    public Conditional(@NonNull Function<T, Node<T,?>> condition) {
        this.condition = condition;
    }

    public Node<T,?> evaluate(T input) {
        return condition.apply(input);
    }

    public static <T> Conditional<T> eval(Function<T, Node<T,?>> condition) {
        return new Conditional<>(condition);
    }
}
```

可以看到，这里同样通过 Function 类的 **apply** 方法来完成条件计算，并返回一个目标 Node。

（3）转换

前面我们已经定义好节点并利用条件组件来动态控制节点之间的转换过程，接下来就可以生成一个 Transition 类，该类对转换过程进行记录，如代码清单 4-5 所示。

代码清单 4-5　Transition 类实现

```
public class Transition<T> {
    private final Object from;
    private final Object to;

    public Transition(@NonNull Object from, @NonNull Object to) {
        if (from == WorkflowStateName.END) {
            throw new IllegalArgumentException("Cannot transition from an END state");
        }
        if (to == WorkflowStateName.START) {
            throw new IllegalArgumentException("Cannot transition to a START state");
        }
        this.from = from;
```

```
            this.to = to;
        }

        public static <T> Transition<T> from(Object from, Object to) {
            return new Transition<>(from, to);
        }

        @Override
        public String toString() {
            String transition = "";
            if (from instanceof Node) {
                transition = ((Node<T, ?>) from).getName() + " -> ";
            } else if (from instanceof WorkflowStateName) {
                transition = ((WorkflowStateName) from).toString() + " -> ";
            }
            if (to instanceof Node) {
                transition = transition + ((Node<T, ?>) to).getName();
            } else if (to instanceof WorkflowStateName) {
                transition = transition + ((WorkflowStateName) to).toString();
            }
            return transition;
        }
    }
```

一个 Transition 类包含 from 和 to 两个参数。请注意，这里的 from 和 to 的结构属于通用的 Object，而不是 Node。这是因为在工作流执行过程中，我们可以基于节点来执行转换操作，而转换操作同样也适用于工作流状态。在工作流引擎中，通常都会定义起始状态和终止状态，正如上述代码中 WorkflowStateName 所展示的那样。

2. 工作流引擎

定义了基本组件，下一步就是实现工作流引擎了。为此，我们可以设计如代码清单 4-6 所示的 StateWorkflow 接口来代表一个工作流引擎。

代码清单 4-6　StateWorkflow 接口定义

```
public interface StateWorkflow<T> {
    // 添加节点
    void addNode(Node<T, ?> node);

    // 根据节点设置一条边
    void putEdge(Node<T, ?> from, Node<T, ?> to);

    // 根据节点和条件设置一条边
    void putEdge(Node<T, ?> from, Conditional<T> conditional);
```

```
// 根据节点和工作流状态设置一条边
void putEdge(Node<T, ?> from, WorkflowStateName state);

// 执行工作流
T run();

// 计算工作流转换过程
List<Transition<T>> getComputedTransitions();
}
```

可以看到，这里我们设置了针对工作流中节点和边的控制方法，分别定义了同步和异步运行工作流的入口，并能够获取整个工作流的一组转换过程。请注意，工作流的输出是一个泛型结构 T，而这个数据结构正是 Node 的输入。

我们来看看应该如何实现上述 StateWorkflow 接口。首先，我们需要定义一组变量来保存工作流中的所有节点、转换以及包含状态的业务数据，如代码清单 4-7 所示。

代码清单 4-7   StateWorkflow 接口变量列表

```
private final Map<Node<T,?>, List<Object>> adjList;
private volatile Node<T,?> startNode;
private final T statefulBean;
private final List<Transition<T>> transitions;
```

这里需要重点说明的是 adjList 这个变量。可以看到这是一个 Map 对象，它的 Key 是一个 Node，而值是一组对象。根据前面所介绍的工作流组件，这组对象可以是节点、条件或者状态。上述变量都可以通过工作流的构造函数进行初始化，实现方式如代码清单 4-8 所示。

代码清单 4-8   DefaultStateWorkflow 构造函数

```
public DefaultStateWorkflow(@NonNull T statefulBean,
    @Singular List<Node<T,?>> addNodes,
    GraphImageGenerator<T> graphImageGenerator) {
    if (addNodes.isEmpty()) {
        throw new IllegalArgumentException("At least one node must be added
            to the workflow");
    }

    this.statefulBean = statefulBean;
    this.adjList = new ConcurrentHashMap<>();
    this.transitions = Collections.synchronizedList(new ArrayList<>());

    // Add nodes to adjList if they are not already present
    for (Node<T,?> node : addNodes) {
        this.adjList.putIfAbsent(node, Collections.synchronizedList(new ArrayList<>()));
    }
}
```

考虑到并发场景下的线程安全性，这里引入了专门的并发组件来对节点列表和转换列表进行初始化。

接下来，我们可以通过 addNode、putEdge 和 startNode 等方法在工作流程中添加节点和边，并设置初始化节点。有了节点和边之后，我们就可以选择工作流中的一个节点来运行该工作流，实现方式如代码清单 4-9 所示。

代码清单 4-9 基于入口节点运行工作流

```
private void runNode(Node<T,?> node) {
    if (node == null) return;
    log.debug("STARTING workflow in normally mode...");
    if (node == startNode)
        transitions.add(Transition.from(WorkflowStateName.START, node));
    synchronized (statefulBean){
        node.execute(statefulBean);
    }
    List<Object> nextNodes;
    synchronized (adjList) {
        nextNodes = adjList.get(node);
    }
    for (Object nextNode : nextNodes) {
        if (nextNode instanceof Node) {
            Node<T,?> next = (Node<T,?>) nextNode;
            transitions.add(Transition.from(node, next));
            runNode(next);
        } else if (nextNode instanceof Conditional) {
            Node<T,?> conditionalNode = ((Conditional<T>) nextNode).
                evaluate(statefulBean);
            transitions.add(Transition.from(node, conditionalNode));
            runNode(conditionalNode);
        } else if (nextNode == WorkflowStateName.END) {
            log.debug("Reached END state");
            transitions.add(Transition.from(node, WorkflowStateName.END));
            return;
        }
    }
}
```

就代码结构而言，不难看出 runNode 是一个循环方法。该方法会以某个节点作为起点，遍历工作流中该节点的后续节点并循环这个过程，直到所有节点遍历完毕。而在遍历节点的过程中，我们会针对所遍历对象的类型来动态执行节点或条件的业务逻辑。当然，在工作流遍历过程中，我们会同步构建节点之间的转换过程，从而得到一组 Transition 对象。

到这里，关于工作流执行引擎的实现过程就介绍完毕了。DefaultStateWorkflow 类的完整实现如代码清单 4-10 所示。

代码清单 4-10 DefaultStateWorkflow 类的完整实现代码

```java
public class DefaultStateWorkflow<T> implements StateWorkflow<T> {

    private static final Logger log = LoggerFactory.getLogger(DefaultStateWorkflow.class);
    private final Map<Node<T,?>, List<Object>> adjList;
    private volatile Node<T,?> startNode;
    private final T statefulBean;
    private final List<Transition<T>> transitions;
    private final GraphImageGenerator<T> graphImageGenerator;

    @Builder
    public DefaultStateWorkflow(@NonNull T statefulBean,
        @Singular List<Node<T,?>> addNodes,
        GraphImageGenerator<T> graphImageGenerator) {
        if (addNodes.isEmpty()) {
            throw new IllegalArgumentException("At least one node must be
                added to the workflow");
        }

        this.statefulBean = statefulBean;
        this.adjList = new ConcurrentHashMap<>();
        this.transitions = Collections.synchronizedList(new ArrayList<>());

        // 如果它们尚未存在，将节点添加到邻接表中
        for (Node<T,?> node : addNodes) {
            this.adjList.putIfAbsent(node, Collections.synchronizedList(new
                ArrayList<>()));
        }
    }

    @Override
    public void addNode(Node<T, ?> node) {
        adjList.putIfAbsent(node, Collections.synchronizedList(new ArrayList<>()));
    }

    @Override
    public void putEdge(Node<T, ?> from, Node<T, ?> to) {
        adjList.get(from).add(to);
    }

    @Override
    public void putEdge(Node<T, ?> from, Conditional<T> conditional) {
        adjList.get(from).add(conditional);
    }

    @Override
```

```java
public void putEdge(Node<T, ?> from, WorkflowStateName state) {
    adjList.get(from).add(state);
}

public void startNode(Node<T,?> startNode){
    this.startNode = startNode;
}

@Override
public T run() {
    transitions.clear(); // 清除之前的 transition 对象
    runNode(startNode);
    return statefulBean;
}

private void runNode(Node<T,?> node) {
    if (node == null) return;
    log.debug("STARTING workflow in normally mode...");
    if (node == startNode)
        transitions.add(Transition.from(WorkflowStateName.START, node));
    synchronized (statefulBean){
        node.execute(statefulBean);
    }
    List<Object> nextNodes;
    synchronized (adjList) {
        nextNodes = adjList.get(node);
    }
    for (Object nextNode : nextNodes) {
        if (nextNode instanceof Node) {
            Node<T,?> next = (Node<T,?>) nextNode;
            transitions.add(Transition.from(node, next));
            runNode(next);
        } else if (nextNode instanceof Conditional) {
            Node<T,?> conditionalNode = ((Conditional<T>) nextNode).
                evaluate(statefulBean);
            transitions.add(Transition.from(node, conditionalNode));
            runNode(conditionalNode);
        } else if (nextNode == WorkflowStateName.END) {
            log.debug("Reached END state");
            transitions.add(Transition.from(node, WorkflowStateName.END));
            return;
        }
    }
}

@Override
```

```java
public List<Transition<T>> getComputedTransitions() {
    return new ArrayList<>(transitions);
}

public String prettyTransitions() {
    StringBuilder sb = new StringBuilder();
    Object lastTo = null;
    for (Transition<T> transition : transitions) {
        if (transition.getFrom().equals(lastTo)) {
            sb.append(" -> ").append(transition.getTo() instanceof Node ?
                ((Node<T,?>) transition.getTo()).getName() : transition.
                getTo().toString());
        } else {
            if (sb.length() > 0) sb.append(" ");
            sb.append(transition.getFrom() instanceof Node ? ((Node<T,?>)
                transition.getFrom()).getName() : transition.getFrom().
                toString()).append(" -> ").append(transition.getTo()
                instanceof Node ? ((Node<T,?>) transition.getTo()).
                getName() : transition.getTo().toString());
        }
        lastTo = transition.getTo() instanceof Node ? (Node<T,?>)
            transition.getTo() : transition.getTo();
    }
    return sb.toString();
}
}
```

在上述代码中，实际上我们还可以添加一个辅助功能，那就是实现工作流执行过程的可视化效果。我们可以借助 Graphviz 等工具类实现这一目标，这里不再赘述。

4.2.2 LangChain4j Workflow 的实现

接下来介绍 LangChain4j Workflow 的使用方法。请注意，工作流是有状态的，所以我们首先需要定义一个包含状态性的业务对象，如代码清单 4-11 所示的 MyStatefulBean。

代码清单 4-11 包含状态性的业务对象定义

```java
class MyStatefulBean {
    int value = 0;
}
```

这里的 value 变量显然是有状态的，它的初始值为 0，但我们可以对这个值进行任意修改。

针对 MyStatefulBean 对象，我们可以定义一组操作方法，从而完成一个工作流中的不同阶段。在 Java 中，借助 Function 接口，我们很容易定义这样的操作方法，如代码清单 4-12 所示。

代码清单 4-12 基于 Function 定义操作方法

```
Function<MyStatefulBean, String> node1Func = obj -> {
    obj.value +=1;
    System.out.println(" 节点 1: [" + obj.value + "]");
    return " 节点 1: 函数被执行 ";
};
Function<MyStatefulBean, String> node2Func = obj -> {
    obj.value +=2;
    System.out.println(" 节点 2: [" + obj.value + "]");
    return " 节点 2: 函数被执行 ";
};
Function<MyStatefulBean, String> node3Func = obj -> {
    obj.value +=3;
    System.out.println(" 节点 3: [" + obj.value + "]");
    return " 节点 3: 函数被执行 ";
};
Function<MyStatefulBean, String> node4Func = obj -> {
    obj.value +=4;
    System.out.println(" 节点 4: [" + obj.value + "]");
    return " 节点 4: 函数被执行 ";
};
```

可以看到，这里我们定义了 4 个 Function，它们的输入都是 MyStatefulBean，而输出则是一个 String 字符串。针对 MyStatefulBean，不同的 Function 对它的 value 值进行了不同的操作。

接下来，我们需要引入 LangChain4j Workflow 框架中的一个基础组件，即 Node。一个 Node 代表工作流中的一个节点，包含名称以及对应的 Function。基于前面已经构建的 4 个 Function，我们也可以创建 4 个对应的 Node，如代码清单 4-13 所示。

代码清单 4-13 Function 对应的 Node 定义

```
Node<MyStatefulBean, String> node1 = Node.from("node1", node1Func);
Node<MyStatefulBean, String> node2 = Node.from("node2", node2Func);
Node<MyStatefulBean, String> node3 = Node.from("node3", node3Func);
Node<MyStatefulBean, String> node4 = Node.from("node4", node4Func);
```

每个 Node 都有一个 execute 方法，该方法的作用就是对输入 T 进行处理并返回响应结果 R。而该方法的执行过程非常简单，直接调用 Function 类的 apply 方法即可，如代码清单 4-14 所示。

代码清单 4-14 Function 类的 apply 方法调用

```
public R execute(T input) {
    return function.apply(input);
}
```

现在，我们已经有了一组 Node，那下一步就是构建一个工作流了。LangChain4j Workflow 框架为我们提供了 DefaultStateWorkflow 工具类来实现默认的工作流。回顾一下 DefaultStateWorkflow 的常见工具方法：

❑ addNode：添加节点。

❑ startNode：设置工作流的起始节点。

❑ putEdge：基于两个节点定义一条边，从而确认工作流中的一个具体执行步骤。

基于这些工具方法，我们就可以设计一个灵活的工作流，如代码清单 4-15 所示。

代码清单 4-15 工作流的设计和实现

```
// 创建工作流
DefaultStateWorkflow<MyStatefulBean> workflow = DefaultStateWorkflow.<MyState
    fulBean>builder()
    .statefulBean(myStatefulBean)
    .addNodes(Arrays.asList(node1, node2, node3))
    .build();

// 添加节点到工作流中
workflow.addNode(node1);
workflow.addNode(node2);
workflow.addNode(node3);
workflow.addNode(node4);

// 定义边
workflow.putEdge(node1, node2);
workflow.putEdge(node2, node3);
workflow.putEdge(node3, Conditional.eval(obj -> {
    System.out.println("状态值 [" + obj.value + "]");
    if (obj.value > 6) {
        return node4;
    } else {
        return node2;
    }
}));

workflow.putEdge(node4, WorkflowStateName.END);

// 设置工作流的起始节点
workflow.startNode(node1);
```

请注意，当在定义边时，我们可以灵活控制节点之间的动态转移关系，这时候就需要借助 Conditional 这个工具类。正如前面代码所展示的，如果 MyStatefulBean 的值为 6，那么工作流中 node3 的下一个节点是 node4，反之则是 node2。而如果某一个阶段的下一个节点代表工作流的结束，那么在定义边时需要指定该节点的下一个步骤为

WorkflowStateName.END。

一旦定义了工作流，下一步就可以执行工作流了。相应地，在 DefaultStateWorkflow 中包含了如下工具方法：

❑ run/runNode：基于节点执行工作流，如果没有指定具体的节点，那么工作流会从第一个节点开始执行。

❑ generateWorkflowImage：基于工作流生成图像并保存。

借助这两个工具方法，我们运行前面已经构建的工作流就变得非常简单了，使用如代码清单 4-16 所示的代码即可。

代码清单 4-16　运行工作流

```
workflow.run();
workflow.generateWorkflowImage("workflow.svg");
```

现在，我们在控制台日志中可以看到如代码清单 4-17 所示的执行结果，表示各个节点之间的转换过程。

代码清单 4-17　节点转换过程日志

```
START -> node1 -> node2 -> node3 -> node2 -> node3 -> node4 -> END
```

这一工作流中节点转换过程的可视化如图 4-3 所示。

图 4-3　工作流可视化示例

到这里，我们已经掌握了 LangChain4j Workflow 的基本功能。你可能会问：这和 LLM 应用有什么关系呢？在接下来我们所讨论的内容中，你可以获得答案。

4.3　基于工作流实现 CRAG 应用

在本节中，我们将基于前面介绍的工作流引擎来实现 CRAG 应用，这也是 CRAG 应用开发的一种代表性实现方案。

4.3.1　CRAG 应用的通用开发步骤

想要实现 CRAG 应用，我们可以遵循业界通用的一系列开发步骤，如图 4-4 所示。

在接下来的内容中，我们将基于前面介绍的 LangChain4j Workflow 来实现图 4-4 中展示的各个步骤。

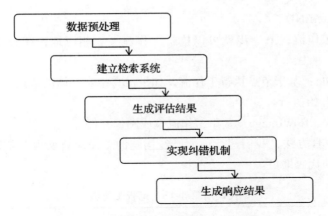

图 4-4　CRAG 应用的通用开发步骤

既然可以把 CRAG 应用的实现过程看作一个工作流，那么它肯定是有状态的。因此，我们先需要定义一个用于保存状态的业务对象，如代码清单 4-18 所示。

代码清单 4-18　保存状态的业务对象定义

```java
public class CorrectiveStatefulBean {
    private String question;
    private String generation;
    private String webSearch;
    private List<String> documents;
}
```

然后，针对 CorrectiveStatefulBean，下一步动作是定义一系列 Function 来执行工作流的每一个步骤。为此，我们可以单独创建一个 CorrectiveNodeFunctions 类来封装这些步骤的具体业务逻辑。接下来先分别对 CorrectiveNodeFunctions 中的核心实现步骤进行详细讲解，再完成组装和整合。

1. CRAG 应用的检索机制

首先，针对任何一种 RAG 组件，我们都需要嵌入检索机制，其实现过程非常简单，使用一个 EmbeddingStoreContentRetriever 组件即可，如代码清单 4-19 所示。

代码清单 4-19　检索阶段的实现

```java
// 嵌入检索
public CorrectiveStatefulBean retrieve(CorrectiveStatefulBean state) {
    String question = state.getQuestion();

    List<Content> relevantDocuments = embeddingStoreContentRetriever.retrieve(Query.
        from(question));
```

```
state.setDocuments(relevantDocuments.stream().map(Content::textSegment)
    .map(TextSegment::text).collect(toList()));
state.setQuestion(question);
return state;
}
```

我们在第 3 章介绍 LangChain4j 检索机制时曾引入 EmbeddingStoreContentRetriever，可以回顾一下相关内容。请注意，在执行检索操作之后，我们需要把检索得到的结果回写到 CorrectiveStatefulBean 这个状态对象中，供下一个步骤使用。

检索阶段的下一步骤就是生成阶段，执行过程如代码清单 4-20 所示。

代码清单 4-20　生成阶段的实现

```
// 生成
public CorrectiveStatefulBean generate(CorrectiveStatefulBean state) {
    String question = state.getQuestion();
    String context = String.join("\n\n", state.getDocuments());

    GenerateAnswer generateAnswer = new GenerateAnswer(question, context);
    Prompt prompt = StructuredPromptProcessor.toPrompt(generateAnswer);
    String generation = chatLanguageModel.generate(prompt.text());
    state.setGeneration(generation);
    return state;
}
```

显然，其中关键是传递给 ChatLanguageModel 的提示词。这个提示词的背后就是 GenerateAnswer 类，该类定义如代码清单 4-21 所示。

代码清单 4-21　GenerateAnswer 类定义

```
@StructuredPrompt({
    " 你是一个问题回答任务的助手 ",
    " 使用以下检索到的上下文片段来回答这个问题。",
    " 如果你不知道答案，就直接说你不知道。",
    " 最多使用三句话，并保持答案简洁。",

    " 问题：{{question}} \n\n",
    " 上下文：{{context}} \n\n",
    " 答案："
})
public class GenerateAnswer {
    private String question;
    private String context;

    public GenerateAnswer(String question, String context) {
        this.question = question;
```

```
        this.context = context;
    }
}
```

这里展示了 LangChain4j 中结构化提示词（Structured Prompt）的实现方式。所谓结构化提示词，就是将结构化的业务对象数据转换为自然语言形式的提示词，简化了从结构化数据到模型输入的转换过程。开发人员想要实现结构化提示词，需要引入 @StructuredPrompt 注解，该注解可以自动将结构化的数据（如 JSON 对象、字典类等）转换为适用于模型的输入格式。如代码清单 4-22 所示，这就是 @StructuredPrompt 注解的一个使用示例。

代码清单 4-22　@StructuredPrompt 注解的使用示例

```
@StructuredPrompt(" 创建一个仅使用 {{ingredients}} 就可以准备的 {{dish}} 食谱。")
static class CreateRecipePrompt {

    private String dish;
    private List<String> ingredients;
}
```

可以看到，我们在一个普通的业务对象 CreateRecipePrompt 上添加了一个 @StructuredPrompt 注解，并在这个注解中指定了一个包含两个占位符的字符串。然后，我们就可以编写代码清单 4-23 来实现结构化提示词了。

代码清单 4-23　结构化提示词示例

```
CreateRecipePrompt createRecipePrompt = new CreateRecipePrompt();
createRecipePrompt.dish = " 沙拉 ";
createRecipePrompt.ingredients = asList(" 黄瓜 ", " 番茄 ", " 奶酪 ", " 洋葱 ", " 橄榄 ");
Prompt prompt = StructuredPromptProcessor.toPrompt(createRecipePrompt);
System.out.println(prompt.text());
```

可以看到，这里出现了一个 StructuredPromptProcessor 工具类来完成业务对象与 Prompt 对象之间的转换，上述代码的执行结果如代码清单 4-24 所示。

代码清单 4-24　结构化提示词的执行结果

```
创建一个仅使用 [ 黄瓜，番茄，奶酪，洋葱，橄榄 ] 就可以准备的沙拉食谱。
```

我们来看 StructuredPromptProcessor 所提供的 toPrompt 方法的实现过程，如代码清单 4-25 所示。

代码清单 4-25　StructuredPromptProcessor 的 toPrompt 方法的实现

```
public Prompt toPrompt(Object structuredPrompt) {
    StructuredPrompt annotation = Util.validateStructuredPrompt(structuredPrompt);
```

```
    String promptTemplateString = Util.join(annotation);
    PromptTemplate promptTemplate = PromptTemplate.from(promptTemplateString);
    Map<String, Object> variables = extractVariables(structuredPrompt);
    return promptTemplate.apply(variables);
}
```

不难看出，StructuredPromptProcessor 的底层代码调用了提示词模板类 PromptTemplate 完成最终提示词的构建。LangChain4j 中的 PromptTemplate 与 LangChain 和 LlamaIndex 中的 PromptTemplate 都很类似。不妨认为 @StructuredPrompt 注解是在更高层次上对提示词的抽象，它允许用户直接使用结构化的数据作为提示词，而无须手动编写自然语言形式的提示词。

2. CRAG 应用的评分和重写机制

CRAG 应用中评分和重写机制的实现过程和生成阶段比较类似，关键还在于对提示词的把控。例如，用于评分阶段的提示词如代码清单 4-26 所示。

代码清单 4-26　评分阶段的提示词定义

```
@StructuredPrompt({
    " 你是评估检索文档与用户问题相关性的评分者。\n",
    " 这是检索到的文档：\n",
    "{{document}} \n",
    " 这是用户的问题：\n",
    "{{question}} \n",
    " 如果文档包含与用户问题相关的关键词，则将其评为相关。",
    " 这不需要是一个严格的测试。目标是筛选出错误的检索结果。",
    " 给出一个二元分数 " 是 " 或 " 否 "，以指示文档是否与问题相关。",
    " 以 JSON 格式提供二元分数，使用单一键 "score"，无需前缀或解释。"
})
public class GradeDocument {
    private String document;
    private String question;

    public GradeDocument(String document, String question) {
        this.document = document;
        this.question = question;
    }
}
```

可以看到，评分的结果是一个二元值"是"或"否"。我们就可以根据评分阶段的输出来指导工作流的下一步动作，对应的评分方法如代码清单 4-27 所示。

代码清单 4-27　评分阶段的实现

```
// 评分
public CorrectiveStatefulBean gradeDocuments(CorrectiveStatefulBean state) {
```

```
String question = state.getQuestion();
List<String> documents = state.getDocuments();

List<String> filteredDocs = new ArrayList<>();
String webSearch = "否";
for (String doc: documents) {
    GradeDocument gradeDocument = new GradeDocument(doc, question);
    Prompt prompt = StructuredPromptProcessor.toPrompt(gradeDocument);
    String score = chatLanguageModel.generate(prompt.text());
    if (score.contains("是")) {
        filteredDocs.add(doc);
    } else {
        webSearch = "是";
    }
}
state.setDocuments(filteredDocs);
state.setQuestion(question);
state.setWebSearch(webSearch);
return state;
}
```

显然，基于 ChatLanguageModel 返回的评分结果，我们确认是否要把该文档放入到检索结果中，或者直接丢弃并交由 Web 搜索执行检索操作。

另外，我们再来看用于执行重写操作的提示词，如代码清单 4-28 所示。

代码清单 4-28　重写阶段的提示词定义

```
@StructuredPrompt({
    " 你是一个问题重写者，将输入的问题转换成一个更好的版本，这个版本是为了优化网络搜索。 \n",
    " 查看输入并尝试推理其背后的语义意图 / 含义。 \n",
    " 以下是初始问题：\n\n {{question}}. \n\n",
    " 改进后的问题，无需前言：\n "
})
public class RewriteQuery {
    private String question;

    public RewriteQuery(String question) {
        this.question = question;
    }
}
```

显然，RewriteQuery 类的作用就是获取重写后的问题，对应的重写方法如代码清单 4-29 所示。

代码清单 4-29　重写阶段的实现

```
// 重写问题
public CorrectiveStatefulBean transformQuery(CorrectiveStatefulBean state){
```

```
String question = state.getQuestion();
List<String> documents = state.getDocuments();

RewriteQuery rewriteQuery = new RewriteQuery(question);
Prompt prompt = StructuredPromptProcessor.toPrompt(rewriteQuery);
String betterQuestion = chatLanguageModel.generate(prompt.text());
state.setQuestion(betterQuestion);
state.setDocuments(documents);
return state;
}
```

当执行完重写机制之后，为了实现对现有检索结果的纠错，我们就需要引入接下来要介绍的 Web 检索机制。

3. CRAG 应用的 Web 检索机制

请注意，在 CRAG 应用的实现过程中，为了构建 Web 检索过程，我们可以引入 LangChain4j 中的 WebSearchContentRetriever 组件。WebSearchContentRetriever 使用网络搜索引擎 WebSearchEngine 来执行检索。根据网络搜索引擎实现的不同，检索结果可以包含网页的一个片段或者是一个完整的网页内容。而实际上，WebSearchContentRetriever 的实现原理非常简单，只是对 WebSearchEngine 的调用过程进行简单封装而已，如代码清单 4-30 所示。

代码清单 4-30　WebSearchContentRetriever 的实现

```java
public class WebSearchContentRetriever implements ContentRetriever {
    private final WebSearchEngine webSearchEngine;
    private final int maxResults;
    ...
    @Override
    public List<Content> retrieve(Query query) {
        WebSearchRequest webSearchRequest = WebSearchRequest.builder()
            .searchTerms(query.text())
            .maxResults(maxResults)
            .build();

        // 通过 WebSearchEngine 执行搜索
        WebSearchResults webSearchResults = webSearchEngine.search(webSearchRequest);

        return webSearchResults.toTextSegments().stream()
            .map(Content::from)
            .collect(toList());
    }
}
```

在 LangChain4j 中，WebSearchEngine 的定义和实现也很明确，最常用的实现类就是 TavilyWebSearchEngine。Tavily 是一个专门对 LLM 和 RAG 应用进行优化的搜索引擎。它提供了一套 Tavily Search API，旨在执行高效、快速和持久的搜索。在 TavilyWebSearchEngine 中，通过 Tavily 平台的客户端组件 TavilyClient 就能够发起对 Tavily 平台的调用并返回响应结果，就是这么简单。

借助于 WebSearchContentRetriever，我们可以构建 CRAG 应用中的 Web 检索机制，实现方式如代码清单 4-31 所示。

代码清单 4-31　Web 检索阶段的实现

```
//Web 检索
public CorrectiveStatefulBean webSearch(CorrectiveStatefulBean state){
    String question = state.getQuestion();
    List<String> documents = state.getDocuments();

    List<Content> webSearchResults = webSearchContentRetriever.retrieve(Query.
        from(question));
    documents.addAll(webSearchResults.stream().map(Content::textSegment).
        map(TextSegment::text).collect(toList()));
    state.setDocuments(documents);
    state.setQuestion(question);
    return state;
}
```

这里通过 WebSearchContentRetriever 的 retrieve 方法获取响应结果并填充到状态对象中。

4. 组合 CRAG 应用的功能组件

现在，把所有步骤整合在一起就可以得到完整版的 CRAG 功能组件 CorrectiveNode-Functions，如代码清单 4-32 所示。

代码清单 4-32　CorrectiveNodeFunctions 的完整实现

```
public class CorrectiveNodeFunctions {
    private final EmbeddingStoreContentRetriever embeddingStoreContentRetriever;
    private final WebSearchContentRetriever webSearchContentRetriever;
    private final ChatLanguageModel chatLanguageModel;

    // 嵌入检索
    public CorrectiveStatefulBean retrieve(CorrectiveStatefulBean state) {
        String question = state.getQuestion();

        List<Content> relevantDocuments = embeddingStoreContentRetriever.
            retrieve(Query.from(question));
```

```java
        state.setDocuments(relevantDocuments.stream().map(Content::textSegment)
            .map(TextSegment::text).collect(toList()));
        state.setQuestion(question);
        return state;
    }

    // 生成
    public CorrectiveStatefulBean generate(CorrectiveStatefulBean state) {
        String question = state.getQuestion();
        String context = String.join("\n\n", state.getDocuments());

        GenerateAnswer generateAnswer = new GenerateAnswer(question, context);
        Prompt prompt = StructuredPromptProcessor.toPrompt(generateAnswer);
        String generation = chatLanguageModel.generate(prompt.text());
        state.setGeneration(generation);
        return state;
    }

    // 评分
    public CorrectiveStatefulBean gradeDocuments(CorrectiveStatefulBean state) {
        String question = state.getQuestion();
        List<String> documents = state.getDocuments();

        List<String> filteredDocs = new ArrayList<>();
        String webSearch = "否";
        for (String doc: documents) {
            GradeDocument gradeDocument = new GradeDocument(doc, question);
            Prompt prompt = StructuredPromptProcessor.toPrompt(gradeDocument);
            String score = chatLanguageModel.generate(prompt.text());
            if (score.contains("是")) {
                filteredDocs.add(doc);
            } else {
                webSearch = "是";
            }
        }
        state.setDocuments(filteredDocs);
        state.setQuestion(question);
        state.setWebSearch(webSearch);
        return state;
    }

    // 重写
    public CorrectiveStatefulBean transformQuery(CorrectiveStatefulBean state){
        String question = state.getQuestion();
        List<String> documents = state.getDocuments();

        RewriteQuery rewriteQuery = new RewriteQuery(question);
        Prompt prompt = StructuredPromptProcessor.toPrompt(rewriteQuery);
```

```
    String betterQuestion = chatLanguageModel.generate(prompt.text());
    state.setQuestion(betterQuestion);
    state.setDocuments(documents);
    return state;
}


//Web 检索
public CorrectiveStatefulBean webSearch(CorrectiveStatefulBean state){
    String question = state.getQuestion();
    List<String> documents = state.getDocuments();

    List<Content> webSearchResults = webSearchContentRetriever.
        retrieve(Query.from(question));
    documents.addAll(webSearchResults.stream().map(Content::textSegment).
        map(TextSegment::text).collect(toList()));
    state.setDocuments(documents);
    state.setQuestion(question);
    return state;
}
}
```

CorrectiveNodeFunctions 的实现有点复杂，我们对它的执行步骤进行总结和梳理：

❑ 嵌入检索：使用 EmbeddingStoreContentRetriever 实现基于内存的嵌入检索。

❑ 生成答案：根据 GenerateAnswer 这个结构化提示词发送消息到 ChatLanguageModel 并生成答案。

❑ 答案评分：根据 GradeDocument 这个结构化提示词完成对答案的评分。

❑ 重写问题：如果答案不符合要求，则通过 RewriteQuery 这个结构化提示词完成对问题的重写。

❑ Web 检索：如果上述步骤都未实现目标，则调用 WebSearchContentRetriever 实现 Web 检索。

无论使用哪种开发框架、工具或者 LLM，都可以参考上述开发步骤。这一流程具有一定的规范性，可以有效指导我们实现 CRAG 应用。

4.3.2 CRAG 应用开发的工作流

现在，是时候把 CRAG 应用的实现步骤通过工作流的形式串联起来了，我们可以设计如代码清单 4-33 所示的 correctiveWorkflow 方法，它的返回值是 LangChain4j Workflow 框架中的一个 DefaultStateWorkflow 类。

代码清单 4-33　correctiveWorkflow 方法实现

```
private DefaultStateWorkflow<CorrectiveStatefulBean> correctiveWorkflow(Corre
    ctiveStatefulBean statefulBean) {
```

```java
// 创建 CorrectiveNodeFunctions
CorrectiveNodeFunctions cwf = new CorrectiveNodeFunctions.Builder()
    .withEmbeddingStoreContentRetriever(embeddingStoreContentRetriever)
    .withChatLanguageModel(chatLanguageModel)
    .withWebSearchContentRetriever(webSearchContentRetriever)
    .build();

// 定义 Function
Function<CorrectiveStatefulBean, CorrectiveStatefulBean> retrieve = state
    -> cwf.retrieve(statefulBean);
Function<CorrectiveStatefulBean, CorrectiveStatefulBean> generate = state
    -> cwf.generate(statefulBean);
Function<CorrectiveStatefulBean, CorrectiveStatefulBean> gradeDocuments =
    state -> cwf.gradeDocuments(statefulBean);
Function<CorrectiveStatefulBean, CorrectiveStatefulBean> rewriteQuery =
    state -> cwf.transformQuery(statefulBean);
Function<CorrectiveStatefulBean, CorrectiveStatefulBean> webSearch =
    state -> cwf.webSearch(statefulBean);

// 创建 Node
Node<CorrectiveStatefulBean, CorrectiveStatefulBean> retrieveNode = Node.
    from("Retrieve Node", retrieve);
Node<CorrectiveStatefulBean, CorrectiveStatefulBean> generateNode = Node.
    from("Generate Node", generate);
Node<CorrectiveStatefulBean, CorrectiveStatefulBean> gradeDocumentsNode =
    Node.from("Grade Node", gradeDocuments);
Node<CorrectiveStatefulBean, CorrectiveStatefulBean> rewriteQueryNode =
    Node.from("Re-Write Query Node", rewriteQuery);
Node<CorrectiveStatefulBean, CorrectiveStatefulBean> webSearchNode =
    Node.from("WebSearch Node", webSearch);

// 构建工作流图
DefaultStateWorkflow<CorrectiveStatefulBean> wf = DefaultStateWorkflow.<C
    orrectiveStatefulBean>builder()
    .statefulBean(statefulBean)
    .addNodes(Arrays.asList(retrieveNode, generateNode, gradeDocumentsNode,
        rewriteQueryNode, webSearchNode))
    .build();

// 定义 Edge
wf.putEdge(retrieveNode, gradeDocumentsNode); // retrieveNode ->
    gradeDocumentsNode
wf.putEdge(gradeDocumentsNode, Conditional.eval(obj -> {
    if (obj.getWebSearch().equals("是")) {
        return rewriteQueryNode;
    } else {
```

```
            return generateNode;
        }
    }));

    wf.putEdge(rewriteQueryNode, webSearchNode);
    wf.putEdge(webSearchNode, generateNode);
    wf.putEdge(generateNode, WorkflowStateName.END);

    // 定义工作流启动节点
    wf.startNode(retrieveNode);
    return wf;
}
```

上述 correctiveWorkflow 方法的实现并不复杂，只需要按照 LangChain4j Workflow 的开发步骤分别完成 Node 和 Edge 的定义并构建工作流图。

在完成工作流整体的设计和开发之后，我们回到业务场景，定义如代码清单 4-34 所示的访问入口，即 CorrectiveRag 接口。

代码清单 4-34   CorrectiveRag 接口定义

```
public interface CorrectiveRag {

    default String answer(String question){
        ensureNotNull(question, "问题");
        return answer(new UserMessage(question)).text();
    }

    AiMessage answer(UserMessage question);
}
```

接着，我们创建 CorrectiveRag 接口的实现类 DefaultCorrectiveRag，如代码清单 4-35 所示。

代码清单 4-35   CorrectiveRag 接口实现类 DefaultCorrectiveRag

```
public class DefaultCorrectiveRag implements CorrectiveRag {
    ...
    @Override
    public AiMessage answer(UserMessage question) {
        // 定义 CorrectiveStatefulBean
        CorrectiveStatefulBean statefulBean = new CorrectiveStatefulBean();
        statefulBean.setQuestion(question.singleText());

        // 创建并执行工作流
        DefaultStateWorkflow<CorrectiveStatefulBean> wf = correctiveWorkflow(
            statefulBean);
```

```
        wf.run();

        // 打印最终答案
        String finalAnswer = statefulBean.getGeneration();

        // 生成工作流图
        generateWorkflowImage(wf);

        return AiMessage.from(finalAnswer);
    }
}
```

理论上，你可以根据需要动态调整这些节点的内容以及它们的执行顺序，从而构建定制化的、高灵活性的 CRAG 应用实现流程。

4.3.3　测试和验证

在运行 CRAG 应用时，因为涉及 Tavily API 的使用，所以首先得有一个 Tavily 平台的 API Key，可以通过其官网获取，如图 4-5 所示。

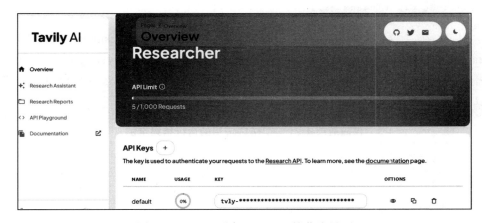

图 4-5　Tavily 平台 API Key 的获取界面

接下来，我们可以编写如代码清单 4-36 所示的测试模板代码来运行 CRAG 应用。

代码清单 4-36　基于测试模板代码运行 CRAG 应用

```
// 建立文档索引
List<Document> documents = loadDocuments(
    ...
);

// 定义 ChatLanguageModel
ChatLanguageModel llm = OpenAiChatModel.builder()
```

```
    .apiKey(apiKey)
    .modelName(GPT_4_O)
    .temperature(0.0)
    .build();

// 定义 WebSearchContentRetriever
WebSearchContentRetriever webRetriever = WebSearchContentRetriever.builder()
    .webSearchEngine(TavilyWebSearchEngine.builder().apiKey("...").build())
    .maxResults(3)
    .build();

// 创建 CorrectiveRag 实例
CorrectiveRag correctiveRag = DefaultCorrectiveRag.builder()
    .documents(documents)
    .webSearchContentRetriever(webRetriever)
    .chatLanguageModel(llm)
    .build();

String question = "...";
String answer = correctiveRag.answer(question);
System.out.println(answer);
```

可以看到，这里加载了一组文档对象、一个 ChatLanguageModel 和一个 WebSearchContentRetriever，并通过这三部分组件创建了 CorrectiveRag 对象。我们可以通过调用 CorrectiveRag 的 answer 方法获取最终的响应结果。一个运行结果示例如代码清单 4-37 所示（为了方便显示，对原始日志做了裁剪）。

代码清单 4-37　CRAG 应用的运行结果示例

```
DEBUG: Finished storing 771 text segments into the embedding store
[main] dev.langchain4j.workflow.DefaultStateWorkflow.runNode()
DEBUG: STARTING workflow in normally mode..
[main] com.tianyalan.workflow.CorrectiveNodeFunctions.retrieve()
INFO: --- 检索 ---
[main] com.tianyalan.workflow.CorrectiveNodeFunctions.retrieve()
DEBUG: --- 输入：CorrectiveStatefulBean{question='杭州市一座什么样的城市？',
    generation='null', webSearch='null', documents=null}
[main] com.tianyalan.workflow.CorrectiveNodeFunctions.retrieve()
[main] com.tianyalan.workflow.CorrectiveNodeFunctions.gradeDocuments()
INFO: --- 确认文档与提问的相似度 ---
[main] com.tianyalan.workflow.CorrectiveNodeFunctions.gradeDocuments()
INFO: --- 评分：文档不相似 ---
DEBUG: --- 输出：CorrectiveStatefulBean{question='杭州市一座什么样的城市？',
    generation='null', webSearch='是', documents=[]}
INFO: --- 决策：所有文档都与问题无关，转换查询 ---
[main] com.tianyalan.workflow.CorrectiveNodeFunctions.transformQuery()
```

```
INFO: ---Web 检索 ---
杭州市是一个副省级城市, 下辖 10 个市 ...
INFO: --- 生成 ---
[main] com.tianyalan.workflow.CorrectiveNodeFunctions.generate()
杭州市是一个副省级城市, 下辖 10 个市 ...
[main] dev.langchain4j.workflow.DefaultStateWorkflow.runNode()
DEBUG: Reached END state
[main] com.tianyalan.internal.DefaultCorrectiveRag.answer()
DEBUG: 转换过程 :
START -> Retrieve Node -> Grade Node -> Re-Write Query Node -> WebSearch Node
    -> Generate Node -> END
[main] com.tianyalan.internal.DefaultCorrectiveRag.answer()
INFO: 最终答案 :
杭州市以其悠久的历史和丰富的文化遗产著称, 是中国七大古都之一。它融合了传统与现代, 拥有独特的
    建筑风貌和多样化的方言文化。作为长江三角洲的中心城市, 杭州也是 " 丝绸之路经济带 " 的重要
    节点 ...
```

可以看到, 整个执行过程经历了检索、评分、转换、Web 检索和生成这几个阶段。因为从已知文档中无法成功获取与用户输入对应的响应结果, 所以 CRAG 应用触发了纠错机制, 最终通过 Web 检索获取了结果。

4.4　本章小结

本章介绍了如何利用 LangChain4j 框架实现一款 CRAG 应用。CRAG 结构通过引入自我反省和评估机制来提高生成模型在发生检索错误时的鲁棒性。首先, 我们定义了 CRAG 应用的核心组件, 包括文档列表、LLM、查询转换器、Web 搜索器和向量检索器。接着, 我们使用 LangChain4j Workflow 工作流引擎来实现 CRAG 结构, 该引擎支持定义节点、边和条件, 并能够触发工作流的执行。最后, 通过整合 CRAG 组件和工作流, 我们实现了一个完整的 CRAG 应用, 并通过测试验证了其功能。整个实现过程展示了 LangChain4j 框架在构建复杂 AI 应用程序方面的强大能力。

第 5 章

设计智能化的简历匹配服务

在本章中，我们将构建一款智能化的简历匹配服务。简历匹配是一种人力资源技术，旨在通过自动化的方式，帮助招聘人员从大量的简历中快速识别出最适合特定职位的候选人。显然，我们可以引入 LLM 对求职者的简历内容进行分析，并与职位描述进行比对，从而识别出最符合职位要求的候选人。通常，我们可以通过关键词识别、技能和经验匹配、教育背景分析、自动评分以及筛选和排序等技术手段来提高简历匹配的效率，增强用户体验。

简历匹配服务背后的核心技术仍然是 RAG，但我们还需要引入灵活的检索器组件，并且构建对检索结果进行重排序的能力。在本章中，我们将引入 LlamaIndex 这款 LLM 集成性开发框架来构建简历匹配服务。同时，为了提供更好的用户交互体验，本章也会引入 Python 领域中非常常见的 Streamlit 框架来搭建用户界面，从而构建完整的企业级应用。

5.1 简历匹配服务与 RAG 技术

一款简历匹配服务的主要特点包括：

❑ **关键词识别**：系统会识别职位描述中的关键词，比如特定的技能、经验要求等，并在简历中寻找相应的信息。

❑ **条件匹配**：系统会分析简历中提到的技能，与职位所需的技能、经验、教育背景和地理位置进行对比，以确定候选人是否具备必要的职业背景、专业技能和就业意愿。

❑ **排名和排序**：系统会对所有候选人进行排名，让招聘人员可以优先查看最符合条件的候选人。

　　简历匹配服务的目的是提高招聘效率，减少招聘人员筛选简历的工作量，并帮助他们更快地找到最合适的候选人。图 5-1 展示了简历匹配服务的一种表现形式。

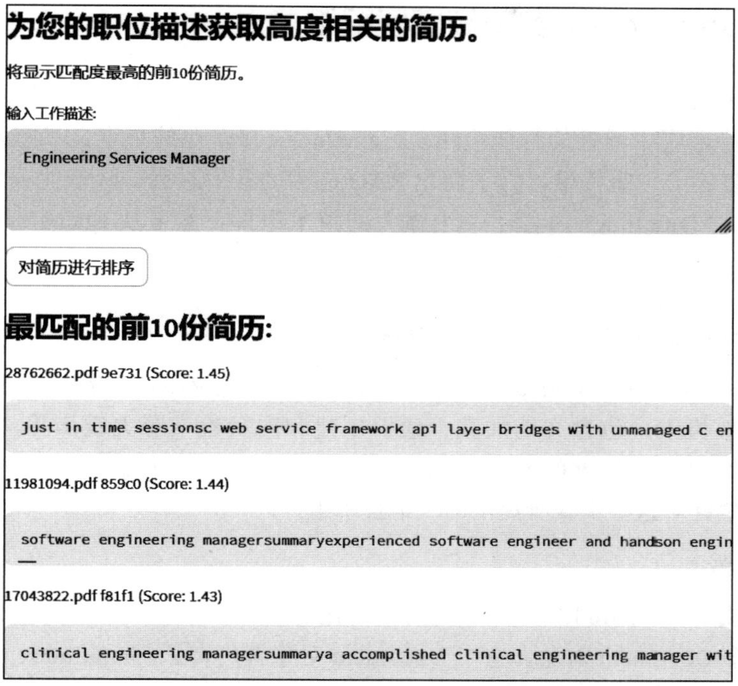

为您的职位描述获取高度相关的简历。

将显示匹配度最高的前10份简历。

输入工作描述：

Engineering Services Manager

对简历进行排序

最匹配的前10份简历：

28762662.pdf 9e731 (Score: 1.45)

just in time sessionsc web service framework api layer bridges with unmanaged c en

11981094.pdf 859c0 (Score: 1.44)

software engineering managersummaryexperienced software engineer and handson engin

17043822.pdf f81f1 (Score: 1.43)

clinical engineering managersummarya accomplished clinical engineering manager wit

图 5-1　简历匹配服务的页面展示效果

　　可以看到，在图 5-1 中，HR（Human Resources，人力资源）可以输入" Engineering Services Manager"这一工作描述来获取企业简历库中最匹配的前 10 份简历。这些简历按照匹配度的高低进行了排序，从而供 HR 综合选择。

　　随着大语言模型的发展，如图 5-1 所展示的简历匹配服务正在变得更加智能和精准。针对构建简历匹配服务，开发人员使用的核心技术还是 RAG。但在构建简历匹配服务的过程中，我们会使用更为精细化的控制方法把握检索过程的输出效果，具体来说包括：

❑ **向量数据库**：集成业界主流的向量数据库对文档数据进行持久化保存。

❑ **混合检索（Hybrid Retrieval）**：结合向量嵌入和 BM25 算法，实现强大的检索功能。

❑ **SentenceTransformer**：利用预训练的 SentenceTransformer 模型实现对文本的高效表示。

❑ **重排序（Re-Rank）**：对混合检索结果进行重新排序，从而提升效果。

　　我们将基于以上设计思路来构建一款简历匹配服务。这个应用程序旨在成为构建同类系统的起点。开发人员可以根据自己的具体需求进一步对其进行定制和扩展。而在技术选型上，我们将引入一款业界主流的 LLM 集成性开发框架，即 LlamaIndex。LlamaIndex 提供了内置的丰富而强大的 RAG 解决方案，专门用来构建数据驱动的 LLM 应用。

5.2 基于 LlamaIndex 实现简历匹配服务

LlamaIndex 是一款主流的 RAG 开发框架。通过使用 LlamaIndex，开发人员可以快速创建能够适应特定应用场景的智能应用。LlamaIndex 在企业的自定义私有数据和 LLM 的通用能力之间搭建了一座桥梁。为了简化 RAG 应用的开发过程，降低业务场景与 LLM 之间的适配成本，LlamaIndex 内置了一组强大的技术组件。本节从 LlamaIndex 框架提供的 RAG 组件开始，逐步实现简历匹配服务的基本实现流程。

5.2.1 LlamaIndex 的 RAG 技术组件

和 LangChain4j 一样，LlamaIndex 同样采用了标准的 RAG 开发流程来实现对企业私有化数据的有效检索，包含文档加载、索引创建和向量检索等关键步骤。由于在前面的内容中我们已经对这些步骤的基本概念和操作过程有了一定的了解，因此这里简要介绍 LlamaIndex 框架针对这些步骤所提供的一组技术组件。

1. 加载文档

当我们完成对 LlamaIndex 开发环境的初始化之后，就可以使用如代码清单 5-1 所示的程序来创建一个 Document 对象。这个 Document 对象就代表了 LlamaIndex 中的文档数据。

代码清单 5-1　LlamaIndex 中 Document 对象的使用方式

```
from llama_index.core import Document

text = "The quick brown fox jumps over the lazy dog."
doc = Document(
    text=text,
    metadata={'author': 'Tianmin Zheng'},
    id_='1'
)
print(doc)
```

在这段示例代码中，我们导入了 Document 类并创建了一个名为 doc 的 Document 对象。该对象包含了原始的文本内容、一个文档 ID，以及我们所提供的元数据（Metadata）。这里需要重点介绍一下元数据的概念和作用。每个文档都包含元数据，用于存储有关文档本身的附加信息。这些元数据通常包括文档的名称、来源、最后更新日期、所有者以及其他相关属性信息。在构建 RAG 应用时，元数据非常有用，在构建简历匹配服务时我们也会使用到元数据。

那么，在一个 Document 对象内部是如何组织和保存数据的呢？ LlamaIndex 使用了节点组件。虽然 Document 代表原始数据并且可以直接使用，但节点是从 Document 提取的更小的内容块，其目标是将文档分解成更小、更易于管理的文本片段。LlamaIndex 内置了很多分割器组件来将文档切分成节点，其中最实用的就是 TokenTextSplitter。经过分割器所获取的节点会自动继承原始文档的元数据。

现在，我们已经搞清楚了 LlamaIndex 中文档的定义和组成，下一步要解决的就是如何加载文档的问题。针对从某一个硬盘目录来批量加载文档等常见需求，LlamaIndex 专门提供了一个 SimpleDirectoryReader 组件来帮助开发人员简化文件加载的过程。SimpleDirectoryReader 的使用方式非常简单，示例代码如代码清单 5-2 所示。

代码清单 5-2　SimpleDirectoryReader 的使用方式

```
from llama_index.core import SimpleDirectoryReader

reader = SimpleDirectoryReader(
    input_dir="files",
    recursive=True
)
documents = reader.load_data()
for doc in documents:
    print(doc.metadata)
```

这里通过 input_dir 参数指定了目标文件路径。默认情况下，SimpleDirectoryReader 只会识别该目录的顶层文件。如果 recursive 参数被设置成 True，那么 SimpleDirectoryReader 会循环遍历该目录下的所有文件内容。

在简历匹配服务的构建过程中，我们会借助 SimpleDirectoryReader 的力量来加载一组 PDF 格式的简历文件。

2. 创建索引

在成功加载了文档之后，下一步就是创建索引。LlamaIndex 支持不同类型的索引，其中最常用的就是 VectorStoreIndex。VectorStoreIndex 是大多数 RAG 应用开发所需的主要组件。它将文本转换为向量嵌入，并使用数学方法对相似的节点进行分组，帮助定位相似的节点。显然，VectorStoreIndex 使用嵌入来存储索引内容。

我们知道，通过嵌入模型可以把多样化和复杂的数据存储在统一的高维空间中。现在，假设我们要对 3 段文本执行检索操作，那么 LlamaIndex 的做法就是把用户的输入文本通过嵌入模型转换为一个新的嵌入，然后和原有 3 段文本对应的 3 个嵌入进行对比，从而得到最接近的目标文本。这个过程我们通常称为**相似性（Similarity）计算**或**距离搜索（Distance Search）**。当遇到这类检索场景时，我们应该知道它依赖于一个计算向量之间相似性的算法。该算法以一个向量作为输入，并返回在向量存储中找到的最相似的一个或多个向量。因为初始向量和这些向量彼此相似，所以我们可以认为向量所代表的数据在语义概念上也是相似的。

关于相似性的计算方法，业界也有一组成熟的方案，常见的包括欧几里得距离（Euclidean Distance）、曼哈顿距离（Manhattan Distance）、余弦相似度（Cosine Similarity）、杰卡德相似系数（Jaccard Similarity Coefficient）等。以余弦相似度为例，我们可以得到如图 5-2 所示的计算方式。

在图 5-2 中，两个向量之间的角度越小，表明它们所代表的内容越相似。这种方法在文本分析中特别有用，因为它受文档长度的影响较小，更多地关注文本在向量空间中的方向或定位。通过计算这些向量之间的余弦相似度，可以有效地识别和检索语义上相似的文档或句子。这种方法使得模型能够捕捉到文本的语义内容，而不是仅仅依赖关键词的匹配，从而提高了信息检索和文本分析的准确性与相关性。我们在构建简历匹配服务时，会综合应用这些计算方法来获取与用户输入的工作描述具有最高相似度的简历信息。

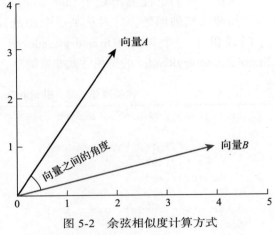

图 5-2　余弦相似度计算方式

3. 执行检索

检索器是任何 RAG 系统中的核心技术组件。尽管它们的工作方式不同，但所有类型的检索器都基于同一原则：它们浏览索引并选择相关节点以构建必要的上下文。每种索引类型都包含各种检索模式，每种模式都提供不同的特性和定制选项。

LlamaIndex 提供了多种方法来帮助开发人员创建检索器，其中最简单的方法是直接从索引对象获取对应的检索器。假设我们已经创建了一个 VectorStoreIndex，然后基于这个索引构建一个检索器，实现过程如代码清单 5-3 所示。

代码清单 5-3　基于 VectorStoreIndex 构建检索器

```
from llama_index.core import SimpleDirectoryReader

documents = SimpleDirectoryReader("files").load_data()
index = VectorStoreIndex.from_documents(documents)
retriever = index.as_retriever(
    retriever_mode='embedding'
)
result = retriever.retrieve("...")
print(result[0].text)
```

从代码中可以看到，这里使用的索引类型是前面已经介绍过的 VectorStoreIndex，背后的检索器就是 VectorIndexRetriever。而我们设置它的检索模式是嵌入模式，这就意味着在该检索器的 retrieve 方法底层会使用前面介绍的相似度计算来完成具体的检索操作。图 5-3 展示了 VectorIndexRetriever 的具体执行流程。

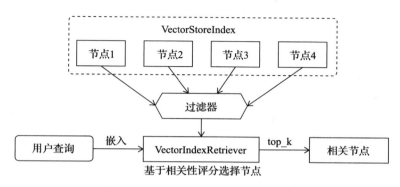

图 5-3 VectorIndexRetriever 执行流程

VectorIndexRetriever 将用户查询转换为向量，然后在向量空间基于相似度执行搜索工作。图 5-3 还展示了常见的可以根据不同使用场景进行定制的参数：

❑ similarity_top_k：指定检索器返回前 k 个结果，这决定了每个查询返回相似结果的数量。

❑ filters：定义过滤器，利用节点的元数据缩小检索器的搜索范围。

对于 RAG 应用程序而言，如果我们想要更好地控制对信息的访问，那么就应该尽早过滤掉那些不需要处理的数据，而检索器从检索的那一刻开始就执行过滤操作。

5.2.2　设计简历数据提取管道

现在，我们已经掌握了 LlamaIndex 为开发人员提供的基础 RAG 组件。接下来，让我们回到简历匹配服务，看看如何把一组 PDF 简历文件加载到 RAG 工作流程中。

1. 引入数据提取管道

针对文档加载过程，我们通常需要完成以下几个常见步骤：

①文档清理：对文档内容进行各种预处理。

②文档分割：将文档内容转换为一个个节点。

③文档嵌入：将节点数据转换为嵌入。

这些步骤的实现需要遵循一定的顺序，且构成了一个通用的处理流程。在执行这个处理流程时，开发人员可能还需要动态地加入其他需求，例如，为每个文档添加特定的元数据等。这就涉及一个在系统架构设计上常见的问题，即系统的扩展性问题。

我们知道在软件架构设计领域存在一种经典的架构模式，即管道－过滤器（Pipe-Filter）模式。管道－过滤器结构将数据流处理分为几个顺序的步骤来进行，一个步骤的输出是下一个步骤的输入，每个处理步骤由一个过滤器负责。每个过滤器独立完成自己的任务，不同过滤器之间不需要进行交互。这些特性允许将系统的输入和输出看作各个过滤器行为的简单组合，独立的过滤器能够降低组件之间的耦合度，我们也可以很容易地将新过滤器添加到现有的系统之中。同样，原有过滤器也可以很方便地被改进的过滤器所替换，以扩展系统的业务处理能力。

基于这种架构设计思想，LlamaIndex 为开发人员专门提供了一个数据提取管道（Ingestion Pipeline）组件，该组件的工作流程类似于管道 – 过滤器架构模式。更为具体来说，数据提取管道负责将原始数据准备好，以便将其整合到 RAG 工作流程中。借助于 LlamaIndex 的执行上下文（Execution Context），数据提取管道通过将数据依次流转过一系列组件来实现对原始数据的处理。这些组件的作用类似于过滤器，不过在 LlamaIndex 中的叫法是转换器（Transformer）。

数据提取管道的关键思想是将数据处理过程分解为一系列可重用的转换操作，这有助于定制不同场景的数据提取流程。在 LlamaIndex 中，我们可以使用如代码清单 5-4 所示的方法来定义一个 IngestionPipeline 对象。

代码清单 5-4　IngestionPipeline 对象定义方法

```
pipeline = IngestionPipeline(
    transformations = [
        TokenTextSplitter(
            ...
        ),
        TitleExtractor(
            ...
        ),
        CustomTransformation()
    ]
)
```

可以看到，上述 IngestionPipeline 包含 TokenTextSplitter 和 TitleExtractor 这两个 LlamaIndex 内置的组件，也包含 CustomTransformation 这个自定义的转换器。将内置组件和转换器排列组合，就构建了一个数据提取管道。

有了 IngestionPipeline，我们就可以使用它来完成对文档的加载和解析，示例代码如代码清单 5-5 所示。

代码清单 5-5　运行 IngestionPipeline

```
nodes = pipeline.run(
    documents=documents,
    show_progress=True,
)
```

　　这里通过 IngestionPipeline 的 run 方法来运行数据处理管道，并将 show_progress 选项设置为 True，这使得管道的处理进度对开发人员可见，从而帮助我们更好地理解后台正在发生的事情。

2. 构建简历提取管道

　　现在，让我们继续讨论简历匹配服务的构建过程。我们面对的是一组 PDF 文件，每个文件包含着就职候选人的工作经历等详细信息。基于 LlamaIndex，我们构建一个 SimpleDirectoryReader 方法，只需要一行代码就可以把这些文件加载到 RAG 工作流程中，实现过程如代码清单 5-6 所示。

代码清单 5-6　基于 SimpleDirectoryReader 加载文件

```
documents = SimpleDirectoryReader(input_dir=path).load_data()
```

　　首先，SimpleDirectoryReader 通过内置的方法来确定如何根据文件类型执行加载操作，它会自动识别文件的扩展名，如 PDF、DOCX、CSV、纯文本等。然后，它将选择对应的工具库将内容提取到文档对象中。对于纯文本文件，它直接读取文本内容。而对于像 PDF 和 Office 文档这样的二进制文件，它使用像 PyPDF 和 Pillow 等 Python 工具库来提取文本。

　　在成功加载了一组简历文件之后，下一步就需要把它们分割成节点。这里我们引入 SentenceSplitter，这是一个典型的文本分割器组件，它的作用是在保持句子边界的同时分割文本，提供包含句子组的节点。那么问题就来了，我们如何对节点中一些不重要的信息进行清洗呢？显然，这种清洗过程需要根据具体的业务需求进行定制化。LlamaIndex 无法提供满足各种场景的清洗组件，而需要开发人员创建自定义的转换器。一种自定义的文本清洗实现方式如代码清单 5-7 所示。

代码清单 5-7　自定义的文本清洗类 TextCleaner

```
import re
from llama_index.core.schema import TransformComponent

class TextCleaner(TransformComponent):
    def __call__(self, nodes, **kwargs):
        for node in nodes:
            node.text = re.sub(r"[^0-9A-Za-z ]", "", node.text)
            node.text = node.text.lower()
        return nodes
```

　　上述代码中有两个注意点。首先，TextCleaner 需要继承 LlamaIndex 的 TransformComponent 类，代表 TextCleaner 是一个自定义的转换器组件，传入的参数是一组节点。另外，这里引入了 re 库来对文本内容进行处理。re 库是 Python 中专门用来处理正则表达式的一个内置模块，它的 sub 方法用于替换字符串中匹配正则表达式的部分。上述正则表达式的处理效果是：在每个节点的文本内容中，查找所有不是数字、字母或空格的字符，并将这些字符替换成空字符串，也就是删除这些字符。最终，我们获取了一个只包含数字、字母和空格的新字符串。

在我们完成对节点中文本内容的清洗之后，下一步就可以把这些节点转换为嵌入对象了。这时候就需要引入嵌入模型。LlamaIndex 已经内置了很多嵌入模型，包括 OpenAI、Amazon Bedrock、Google Vertex AI、Mistral AI、Ollama、Anthropic、Hugging Face 以及国产的 Qianfan、Qwen 等。在简历匹配服务的构建过程中，我们使用的是 OpenAI 提供的嵌入模型，实现方式如代码清单 5-8 所示。

代码清单 5-8　创建 OpenAI 嵌入模型

```
embed_model = OpenAIEmbedding()
```

至此，简历数据提取管道所需的各个组件已经分别构建完成，我们可以通过如代码清单 5-9 所示的方式把它们整合在一起，从而创建一个 IngestionPipeline 对象。

代码清单 5-9　创建 IngestionPipeline 对象

```
IngestionPipeline(
    transformations= [
        TextCleaner(),
        SentenceSplitter(chunk_size=512, chunk_overlap=10),
        embed_model
    ]
)
```

可以看到，这个 IngestionPipeline 包括三个组成部分，分别是一个自定义的 TextCleaner，一个 LlamaIndex 内置的 SentenceSplitter，以及一个来自 OpenAI 的嵌入模型。其中，在 SentenceSplitter 的构建过程中传入了 chunk_size 和 chunk_overlap 这两个参数，分别用于指定所分割数据块的大小和重叠量。

通过 IngestionPipeline，我们相当于已经获取了简历文档对应的嵌入数据，下一步就可以使用这些数据来构建索引了。

5.2.3　创建和存储简历索引

为了实现对嵌入数据的持久化，我们首先需要引入一款向量数据库来存储嵌入数据，从而创建简历索引。在简历匹配服务的构建过程中，我们选择的向量数据库是 Chroma。

1. 引入 Chroma 向量数据库

Chroma 是一款 AI 原生开源的矢量数据库，同时是实现 RAG 技术方案的一种有效工具。Chroma 还支持多种查询方法，包括范围查询和 k- 最近邻（k-NN）查询，这使得它在需要快速检索相似项的应用场景中非常有用。

想要使用 Chroma，我们首先需要通过如代码清单 5-10 所示的命令进行安装。

代码清单 5-10　Chroma 安装命令

```
pip install chromadb
```

Chroma 的运行模式有三种，分别是**内存模式**、**本地模式**和**服务模式**。在内存模式下，我们使用 Chroma 的方式非常简单，只需要通过如代码清单 5-11 所示的代码创建一个客户端组件，然后调用该客户端完成一系列对应操作即可。

代码清单 5-11　创建 Chroma 客户端

```
client = chromadb.Client()
```

请注意，在内存模式下数据不会被持久化。想要数据被持久化，可以采用本地模式。我们可以通过配置来让 Chroma 保存和加载本地机器上的数据。通过这种方式，数据将自动持久化到本地，并在启动时加载，实现方式如代码清单 5-12 所示。

代码清单 5-12　Chroma 数据持久化

```
client = chromadb.PersistentClient(path="/path/to/save/to")
```

Chroma 还可以以服务模式运行。这种模式需要搭建独立的服务器组件，比较复杂。但在使用服务模式时，客户端不需要安装全部的 chromadb 模块，而只需要依赖 chromadb-client 客户端组件，即可运行 Chroma 的 API。

在本节中，为了简单起见，我们将使用本地模式来运行 Chroma。在启动并连接 Chroma 之后，下一步是创建和管理集合（Collection）。集合是 Chroma 中存储嵌入、文档和元数据的媒介，类似于关系数据库中的表。可以使用客户端对象的 create_collection 方法来创建一个集合，示例代码如代码清单 5-13 所示。

代码清单 5-13　通过 Chroma 客户端创建集合

```
collection = chroma_client.create_collection(name="my_collection")
```

关于 Collection 对象，存在一组常见的工具方法，如代码清单 5-14 所示。

代码清单 5-14　Collection 对象的常见工具方法

```
# 获取一个存在的 Collection 对象
collection = chroma_client.get_collection("testname")

# 如果不存在就创建 collection 对象，一般推荐使用这个方法
collection = chroma_client.get_or_create_collection("testname")

# 查看已有的集合
```

```
chroma_client.list_collections()

# 删除集合
chroma_client.delete_collection(name="my_collection")
```

在成功启动 Chroma 并创建了集合之后，就可以利用 LlamaIndex 内置的技术组件来构建向量索引。

2. 创建 VectorStoreIndex

LlamaIndex 内置了一个 VectorStore 来集成 Chroma，就是 ChromaVectorStore。通过 ChromaVectorStore，我们可以初始化一个定制的向量存储（或者说嵌入存储），并将其连接到 StorageContext 中，如代码清单 5-15 所示。

代码清单 5-15   连接 ChromaVectorStore 和 StorageContext

```
vector_store = ChromaVectorStore(
    chroma_collection=chroma_collection
)

storage_context = StorageContext.from_defaults(
    vector_store=vector_store
)
```

这里涉及一个新的组件 StorageContext。在 LlamaIndex 中，StorageContext 将文档、向量、索引和图数据存储统一封装在一起，开发人员使用一套 API 就可以同时访问这些存储组件。有了 StorageContext 组件，我们就可以基于它来创建一个 VectorStoreIndex 对象，如代码清单 5-16 所示。

代码清单 5-16   创建 VectorStoreIndex 对象

```
vector_index = VectorStoreIndex(
    nodes,
    storage_context=storage_context
)
```

有了索引对象，下一步就可以执行检索操作了。基于 VectorStoreIndex 执行检索的实现方式非常简单，我们通过一行代码就可以构建一个检索器组件，如代码清单 5-17 所示。

代码清单 5-17   基于 VectorStoreIndex 创建检索器

```
vector_retriever = index.as_retriever(similarity_top_k=20)
```

可以看到，这里我们基于 VectorStoreIndex 创建了 VectorIndexRetriever 检索器，并指定它返回相似度最高的 20 条记录。

5.3　简历匹配优化策略

到这里，一款简单而又实用的简历匹配工具已经构建完成了，但该工具还有优化空间。在本节中，我们将采用两种策略对该工具的简历匹配过程进行优化，分别是**混合检索器策略以及检索结果重排序策略**。

5.3.1　构建混合检索器

借助于 LlamaIndex 为开发人员提供的强大的检索器扩展机制，我们想要实现一个定制化的混合检索器并不困难。下面，我们将先演示如何创建一个自定义的检索器组件，然后完成对简历匹配的混合检索器的构建。

1. 实现自定义检索器

我们先来实现一个简单的自定义检索器，该检索器可以实现基本的结合关键词查找和语义检索的混合检索功能，实现过程如代码清单 5-18 所示。

代码清单 5-18　自定义检索器的实现

```python
from llama_index.core import QueryBundle
from llama_index.core.schema import NodeWithScore
from llama_index.core.retrievers import (
    BaseRetriever,
    VectorIndexRetriever,
    KeywordTableSimpleRetriever,
)
from typing import List

class CustomRetriever(BaseRetriever):
    """ 定制检索器，执行关键词查找和语义检索的混合检索。"""

    def __init__(
        self,
        vector_retriever: VectorIndexRetriever,
        keyword_retriever: KeywordTableSimpleRetriever,
        mode: str = "AND",
    ) -> None:
        """ 初始化参数。"""

        self._vector_retriever = vector_retriever
        self._keyword_retriever = keyword_retriever
        if mode not in ("AND", "OR"):
            raise ValueError("Invalid mode.")
        self._mode = mode
        super().__init__()
```

```
def _retrieve(self, query_bundle: QueryBundle) -> List[NodeWithScore]:
    """ 基于给定的查询信息检索节点。"""

    vector_nodes = self._vector_retriever.retrieve(query_bundle)
    keyword_nodes = self._keyword_retriever.retrieve(query_bundle)

    vector_ids = {n.node.node_id for n in vector_nodes}
    keyword_ids = {n.node.node_id for n in keyword_nodes}

    combined_dict = {n.node.node_id: n for n in vector_nodes}
    combined_dict.update({n.node.node_id: n for n in keyword_nodes})

    if self._mode == "AND":
        retrieve_ids = vector_ids.intersection(keyword_ids)
    else:
        retrieve_ids = vector_ids.union(keyword_ids)

    retrieve_nodes = [combined_dict[rid] for rid in retrieve_ids]
    return retrieve_nodes
```

这个自定义检索器的实现过程并不复杂，我们将两个检索器组合在了一起，一个是 VectorIndexRetriever，另一个则是 KeywordTableSimpleRetriever。其中，后者的执行原理就是关键词匹配，不会用到 LLM 的能力。请注意，自定义检索器都是 BaseRetriever 的子类，需要覆写父类的 retrieve 方法。而在上述 CustomRetriever 类中，我们分别通过这两个检索器各自获取一组目标节点，然后根据"AND"和"OR"这两个条件来对这两组节点求交集（Intersection）或并集（Union）。

基于自定义的混合检索机制，整个检索过程会具备如下优势：

❏ 多样性：通过结合关键词查找和语义检索，可以提高检索结果的多样性和全面性。

❏ 鲁棒性：不同的检索策略可能在不同的场景下会有不同的表现，混合检索可以提高系统的鲁棒性。

❏ 精确性：通过"AND"和"OR"条件，可以更精确地控制检索结果的准确性。

混合检索机制常应用在问答系统、知识图谱管理等场景中。而对于简历匹配服务而言，我们同样可以借助这种检索机制来对简历匹配效果进行优化。

2. 构建简历匹配的混合检索器

在简历匹配服务中，除了通过 VectorStoreIndex 构建 VectorIndexRetriever 之外，还可以引入一款实现 BM25（Best Matching 25）算法的检索器，即 BM25Retriever。

什么是 BM25 算法？BM25 是 TF-IDF（Term Frequency-Inverse Document Frequency，词频 - 逆文档频率）方法的改进版，是一种更复杂的算法，用于实现稀疏检索（Sparse Retrieval）。与传统的 TF-IDF 算法不同，BM25 同时考虑到了词频和文档长度，为文档的相关性评分提供了更细致的控制方法。使用这款检索器，可以将节点根据它们相对于查询信息的 BM25 得分进行排名。得分最高的前 *k* 个节点作为查询结果返回，从而为用户提供最相关的结果。

请注意，这里出现了稀疏检索这个新名词。稀疏检索方法将文档与关键词关联起来。关于稀疏检索的话题不是本书的重点，但可以提供一个稀疏检索在现实场景中的应用示例。假设我们已经建立了一个检索法律文件的系统。在应用这一系统时，用户的查询很可能包含精确的法律术语、引用等一系列法律文本中特定的短语。这些短语很可能以完全相同的形式出现在不同的待检索的法律文件中。对于这样的查询，稀疏搜索可以提供非常准确的结果。因为它能准确定位包含特定短语的文件，减少噪声和不相关的检索结果。稀疏检索方法可以高效地解析这些结构化数据，并根据查询中的特定信息来检索匹配的节点。

在简历匹配服务中，简历文件就像上述示例中的法律文件，这样通过 BM25 算法这种稀疏检索机制就能获取精准的检索结果。在 LlamaIndex 中，想要构建一个 BM25Retriever，可以采用如代码清单 5-19 所示的方法。

代码清单 5-19 BM25Retriever 的构建方法

```
retriever = BM25Retriever.from_defaults(
    nodes=nodes,
    similarity_top_k=2
)
```

有了 BM25Retriever 以及已经构建的 VectorIndexRetriever 之后，我们就可以采用自定义检索器的方式来创建一个混合检索器，实现过程如代码清单 5-20 所示。

代码清单 5-20 混合检索器的创建

```
def create_retrievers(index, nodes):
    """
    创建用于对简历进行排序的混合检索器。
    """

    # 使用嵌入技术检索出最相似的前 20 个节点
    vector_retriever = index.as_retriever(similarity_top_k=20)

    # 使用 BM25 算法检索出最相似的前 20 个节点
    bm25_retriever = BM25Retriever.from_defaults(nodes=nodes, similarity_top_
        k=20)
    hybrid_retriever = HybridRetriever(vector_retriever, bm25_retriever)
    return hybrid_retriever
```

显然，这里融合了向量检索和基于 BM25 算法的稀疏检索机制。而这个 create_retrievers 方法的调用方式如代码清单 5-21 所示。

代码清单 5-21 create_retrievers 方法的调用方式

```
resume_hybrid_retriever = create_retrievers(resume_index, resume_nodes)
```

这里我们传入了前面已经构建的 VectorStoreIndex，以及在加载文档过程中所生成的节点信息。请注意，该方法的背后同样是一个自定义检索器实现类 HybridRetriever，该类的实现过程如代码清单 5-22 所示。

代码清单 5-22 HybridRetriever 类的实现

```
class HybridRetriever(BaseRetriever):
    def __init__(self, vector_retriever, bm25_retriever):
        self.vector_retriever = vector_retriever
        self.bm25_retriever = bm25_retriever
        super().__init__()

    def _retrieve(self, query, **kwargs):
        vector_nodes = self.vector_retriever.retrieve(query, **kwargs)
        bm25_nodes = self.bm25_retriever.retrieve(query, **kwargs)
        # 整合两部分节点信息
        all_nodes = []
        node_ids = set()
        for n in bm25_nodes + vector_nodes:
            if n.node.node_id not in node_ids:
                all_nodes.append(n)
                node_ids.add(n.node.node_id)
        return all_nodes
```

可以看到，HybridRetriever 是一个典型的自定义检索器类，在它的检索方法中分别调用了两个检索器来执行检索操作并获取了目标节点。然后，我们对这两组目标节点进行了合并操作。

5.3.2 检索结果重排序

继续来看下一步优化策略，即实现对检索结果的重排序。除了前面讨论的基本处理器之外，LlamaIndex 框架还提供了几种更复杂的选项，这些选项能够利用 LLM 或嵌入模型对节点进行重新排序。一般来说，它们会基于节点与查询的相关性来重新排序节点，而不会移除节点或改变其内容。有些重排序组件，例如接下来要介绍的 SentenceTransformerRerank，还会更新节点的相关性得分，以反映它们与查询的相似度。

1. SentenceTransformerRerank

SentenceTransformerRerank 基于**句子变换模型**（Sentence Transformer Model），根据节点与指定查询的相关性对节点进行重新排序。这个过程中需要对节点评分，默认使用的模型是 cross-encoder/stsb-distilroberta-base，然后根据这些评分对节点重新排序，并返回排名最高的 top_n 个节点。关于 SentenceTransformerRerank 的更多介绍，可以参考这篇文章：
https://www.sbert.net/examples/applications/retrieve_rerank/README.html。

在简历匹配服务的构建过程中，我们可以定义一个工具方法来创建 SentenceTransformer-Rerank，如代码清单 5-23 所示。

代码清单 5-23　创建 SentenceTransformerRerank

```
def create_reranker(model_name="cross-encoder/ms-marco-MiniLM-L-2-v2"):
    """
    创建一个 SentenceTransformerRerank
    """
    return SentenceTransformerRerank(top_n=20, model=model_name) if model_
        name else None
```

可以看到，这里直接根据模型名称创建一个 SentenceTransformerRerank 对象即可。一旦成功创建了 SentenceTransformerRerank，下一步就可以调用它的 postprocess_nodes 方法来完成对特定节点的重排序操作，实现方法如代码清单 5-24 所示。

代码清单 5-24　调用 SentenceTransformerRerank 的 postprocess_nodes 方法

```
reranker.postprocess_nodes(
    retrieved_nodes,
    query_bundle=QueryBundle(...)
)
```

请注意，我们需要通过 QueryBundle 对象来构建一个查询条件，而这里的 postprocess_nodes 方法从命名上看是对节点的一种后处理（Post-Process）机制。为了方便理解，下面我们对后处理机制做简要介绍。

2. LlamaIndex 后处理机制

后处理是 LlamaIndex 中一个非常重要的概念。在整个 RAG 执行流程中，后处理器作用于节点检索步骤之后和响应生成之前。它们会对一组节点进行操作，应用转换器或过滤器以增强信息的相关性并提升检索质量。LlamaIndex 提供了多种内置的后处理器，比较简单的就是如代码清单 5-25 所示的 SimilarityPostprocessor。

代码清单 5-25　创建和使用 SimilarityPostprocessor

```
pp = SimilarityPostprocessor(
    nodes=nodes,
    similarity_cutoff=0.80
)
remaining_nodes = pp.postprocess_nodes(nodes)
```

SimilarityPostprocessor 通过将节点评分与相似度分数阈值进行比较来过滤节点。低于此阈值的节点将被移除，确保只保留与查询相关性较高的内容。这在有些场景下非常有用。

前面介绍的 SentenceTransformerRerank 实际上也是重排类后处理器中的代表性实现。重排类后处理器在处理类似简历匹配的长格式查询或复杂需求时显得尤其重要，因为许多 LLM 在面对冗长的上下文时难以有效处理信息并生成准确的响应。通过使用重排类后处理器，RAG 系统可以优先考虑最相关的信息，并以更连贯的格式将其呈现给 LLM，从而做出更好的响应。LlamaIndex 设计了一个后处理器的基类 BaseNodePostprocessor，而 SentenceTransformerRerank 正是扩展了这个基类，该类定义如代码清单 5-26 所示。

代码清单 5-26 SentenceTransformerRerank 类的定义

```
class SentenceTransformerRerank(BaseNodePostprocessor):
```

理论上，开发人员也可以通过这种实现方式来设计定制化的后处理器，从而满足特定的业务场景需求。

5.3.3 基于 Streamlit 构建交互界面

作为一款面向招聘人员的 LLM 应用，简历匹配服务需要提供一个用户界面来满足人机交互需求。在本节中，我们将引入 Streamlit 框架来实现这一目标。

1. 引入 Streamlit

什么是 Streamlit？ Streamlit 实际上是一个用来快速搭建 Web 应用的 Python 库，它的底层使用的是 Tornado 框架。Streamlit 封装了大量常用的可视化组件方法，支持数据表、图表等对象的渲染，也支持网格化、响应式的页面布局。简单来说，Streamlit 可以让不了解前端技术的人搭建 Web 页面。如果你已经使用过 Streamlit，那么可以直接跳转到后面"执行效果演示"的内容。如果你是第一次听说这个框架，那么请跟我一起，一步步搭建 Streamlit 的运行环境。

（1）安装和运行 Streamlit

想要在 Python 环境中安装 Streamlit，只需要执行如代码清单 5-27 所示的命令。

代码清单 5-27 Streamlit 安装命令

```
pip install streamlit
```

请注意 Python 的版本需要在 3.7 或以上。安装完成之后，我们可以在命令行中输入如代码清单 5-28 所示的命令来启动 Streamlit。

代码清单 5-28 启动 Streamlit

```
streamlit hello
```

在命令行日志中，我们可以看到 Streamlit 的运行地址为 http://localhost:8501。一旦

Streamlit 启动成功，系统就会自动在浏览器中打开这个地址对应的 Web 页面。该页面展示了一组示例，并包含"hello"这个新菜单。只要这个页面能正常展示，就代表 Streamlit 已经启动成功。

通常，我们不会直接在命令行中编写业务代码，而是把业务代码存放在一个独立的 Python 文件中。例如，我们可以实现一个 main.py 文件，并编写如代码清单 5-29 所示的内容。

代码清单 5-29　main.py 文件代码

```
import streamlit as st
st.write('Hello')
```

现在，我们就可以通过 run 命令来启动 Streamlit，如代码清单 5-30 所示。

代码清单 5-30　通过 run 命令启动 Streamlit

```
streamlit run main.py
```

上述是我们启动 Streamlit 的常规做法。当 Streamlit 启动成功之后，接下来要做的事情就是配置它的运行参数。对于简历匹配服务这类 RAG 应用而言，需要调用 LLM 实现聊天模型。而 LLM 的调用一般都需要一个 API 的授权密钥。显然，把这个授权密钥硬编码在代码中是不安全的，比较合适的一种做法是把它放在 Streamlit 的 secrets.toml 配置文件中。配置方式如代码清单 5-31 所示。

代码清单 5-31　基于 secrets.toml 配置文件定义授权密钥

```
openai_key= "这里是你的 OpenAI API Key"
```

然后，在 Streamlit 中，我们就可以通过如代码清单 5-32 所示的方式来获取这个授权密钥。

代码清单 5-32　通过 secrets.toml 配置文件获取授权密钥

```
import streamlit as st

secrets= "secret.toml"
openai.api_key = st.secrets.openai_key
```

这里的 openai 是 OpenAI 官方提供的 Python 版本 API 对接库，用于方便地访问 OpenAI REST API，我们已经在第 2 章中详细介绍了这个库的功能特性。我们在使用 LlamaIndex 时不会直接集成 openai 所开放的接口，因为 LlamaIndex 底层已经帮我们做好了对这个开发库的封装工作，我们要做的事情仅仅是设置授权密钥而已。

关于 LLM 的授权密钥管理，有一种比较常见的做法是把授权密钥放在一个 .env 环境配置文件中，并添加如代码清单 5-33 所示的配置项。

代码清单 5-33　基于 .env 环境配置文件定义授权密钥

```
OPENAI_API_KEY=<YOUR-API-KEY>
```

请注意该环境配置文件需要放置在项目的根目录下。同时，我们需要在 Python 代码中添加如代码清单 5-34 所示的内容，以加载环境变量。

代码清单 5-34　加载环境变量

```
from dotenv import load_dotenv

load_dotenv()
```

通过这种方式，系统会自动读取环境配置项并将其集成到 LLM 中。

（2）使用 Streamlit 组件开发 Web 页面

Streamlit 内置了一组技术组件来简化我们开发 Web 页面的工作。对于构建简历匹配服务这样的 RAG 应用，我们一般需要使用文本组件、交互组件和状态管理组件。

文本组件非常简单，常见的包括 markdown、title、header、subheader、caption 和 text 等。这些组件的概念和使用方式都是自解释的，区别就是字体的大小和样式上。示例如代码清单 5-35 所示。

代码清单 5-35　Streamlit 文本组件示例

```
import streamlit as st

st.markdown(" 这是一段 Markdown 文本 ")
st.title(' 这是一个标题 ')
st.header(' 这是一个大标题 ')
st.subheader(' 这是一个副标题 ')
st.caption(' 这是一段解释上面内容的说明文字 ')
```

在一个 Streamlit 页面中，我们可以使用它所提供的 chat_input 组件来接收用户输入，使用方式如代码清单 5-36 所示。

代码清单 5-36　Streamlit 中 chat_input 组件的使用示例

```
prompt = st.chat_input(" 说点什么 ")
if prompt:
    st.write(f" 用户发送了以下提示：{prompt}")
```

Streamlit 提供了一个非常强大的 write 方法，该方法可以根据传入参数的不同而展示不同的效果。而 Streamlit 的 button 方法显示一个按钮，用于提交聊天过程中的用户输入。

相较于其他复杂的 Web 应用框架，Streamlit 的学习曲线平缓，我们可以在短时间内掌握其基础使用方法，非常适合 LLM 应用开发人员。在后续内容中，我们将统一使用 Streamlit 来构建和运行 LLM 应用程序的交互界面。

2. 执行效果演示

在简历匹配服务的用户交互界面中，我们打算创建一个页面来提供系统入口。在这个页面中，我们根据 "data/resumes" 目录下的简历文件来创建简历索引，并提供输入框供用户输入工作描述，实现方式如代码清单 5-37 所示。

代码清单 5-37　构建简历匹配服务的系统入口页面

```
def resume_ranking_page():
    """ 简历匹配 Streamlit 应用 """

    st.title(" 简历匹配 ")
    st.subheader(" 为您的职位描述获取高度相关的简历。")
    st.write(" 将显示匹配度最高的前 10 份简历。")

    job_description = st.text_area(" 输入工作描述 :", height=100)
    job_description = clean_text(job_description)

    with st.spinner(" 创建简历索引 ..."):
        create_resume_index(path='data/resumes')

    resume_hybrid_retriever = create_retrievers(st.session_state.resume_
        index, st.session_state.resume_nodes)

    reranker = create_reranker()

    if st.button(" 对简历进行排序 "):
        with st.spinner(" 处理中 ..."):
            retrieved_nodes = resume_hybrid_retriever.retrieve(job_description)
            if reranker:
                reranked_nodes = reranker.postprocess_nodes(
                    retrieved_nodes, query_bundle=QueryBundle(job_description)
                )
            else:
                reranked_nodes = retrieved_nodes

        if reranker:
            st.subheader(" 按分数从高到低排序的最匹配简历 :")
        else:
            st.subheader(" 最匹配的前 10 份简历 :")

        display_results(reranked_nodes)
```

这里我们调用了 create_resume_index 方法来创建简历索引，并分别通过 create_retrievers 方法和 create_reranker 来创建混合检索器和重排器。请注意，这里通过 Streamlit 的 session_state 机制来传递有状态的数据，包括已创建的索引和已处理的节点列表。

同时，我们注意到这里支持两种检索方式。首先，我们使用混合检索方式来基于用户输入的工作描述来获取一组目标节点。然后，在重排器有效的情况下，我们会再对这些节点重排序，从而获取最终结果。执行效果如图 5-4 所示。

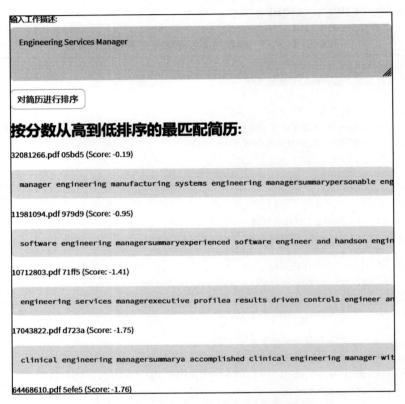

图 5-4　集成了重排器的简历匹配结果

针对页面展示，我们基于检索到的一组目标节点实现了如代码清单 5-38 所示的向用户展示检索结果的工具方法。

代码清单 5-38　展示检索结果的工具方法

```python
def display_results(data):
    final_list = {}
    final_text = {}
    count = 0
    for i in range(len(data)):
        if data[i].metadata["file_name"] not in final_list:
            final_list[data[i].metadata["file_name"] + ' ' + data[i].id_[-5:]]
                = data[i].score
            final_text[data[i].metadata["file_name"] + ' ' + data[i].id_[-5:]]
```

```
            = data[i].text
        count += 1
    if count == 10:
        break
for key in final_list:
    st.write(f"{key} (Score: {final_list[key]:.2f})")
    st.code(final_text[key], language="markdown")
```

　　注意在上述代码中我们使用了节点的元数据来获取文档的名称，并把它们展示在页面上。这是 LlamaIndex 中一种常见的元数据应用场景。

5.4　本章小结

　　本章引入了 LlamaIndex 框架来构建简历匹配服务，并使用 Streamlit 框架搭建用户交互界面。LlamaIndex 框架提供了丰富的 RAG 解决方案，专门用来构建数据驱动的 LLM 应用。通过 LlamaIndex，开发人员可以快速创建能够适应特定应用场景的智能应用。本章系统地介绍了如何使用 LlamaIndex 框架提供的 RAG 组件来完成文档加载、索引创建和检索等关键步骤，并探讨了如何采用定制化策略来优化简历匹配流程，具体策略包括实现自定义检索器、构建简历匹配的混合检索器和实现检索结果重排序。通过这些技术手段，我们可以提高简历匹配服务的准确性和相关性，为用户提供更好的交互体验。

第 6 章

开发多模态处理器

多模态应用是指利用两种或多种不同类型的媒体数据（如文本、图像、视频、音频等）来增强信息表达和理解能力的应用程序。这些应用通常涉及跨模态数据的融合，例如图像识别与语音合成相结合，或者视频内容分析与文本生成相结合。随着深度学习技术的发展，尤其是预训练模型的出现，多模态数据处理的准确性和效率得到了显著提升。因此，多模态技术已经被广泛应用于社交媒体、虚拟助手、教育软件等多个领域。

在业界主流的 LLM 中，有一些模型是支持多模态的，能够接收图像、音频甚至视频作为输入或输出。在本章中，我们将借助 LangChain 框架来集成这些 LLM，从而构建一款多模态处理器，并实现对图像和语音的有效处理。

6.1 多模态处理的场景分析

如今，LLM 在图像处理中的应用场景越来越多样化，虽然它们本身不直接处理图像，但可以与图像处理技术结合，提供辅助和增强功能。典型的应用场景包括：图像生成和编辑，LLM 基于描述可以创建符合描述的图像，也可以生成对图像编辑的建议，提供改善图像质量或进行特定修改的指导；图像描述生成，LLM 可以生成图像的自然语言描述，同时可以自动为图像生成描述性标签，以便更好地组织和检索图像；图像问答系统，结合视觉模型和 LLM，用户可以对图像内容提问，系统提供准确的回答；图像内容检索，LLM 根据文本描述在图像数据库中找到匹配的图像；内容审核和筛选，LLM 可以辅助分析图像内容，识别和标记潜在的不当内容，并生成相关的解释或警告等。

这些应用场景展示了 LLM 与图像处理技术结合的潜力，可以提升图像应用的智能化和用户体验。借助于 OpenAI 的 DALL-E、Google 的 Imagen 等图像处理模型，以及

Midjourney、Stable Diffusion 等集成化工具，图像应用已经成为当下 LLM 应用的一种主流类型。

另外，虽然 LLM 在语音和视频处理领域的应用不像文本和图像那么成熟，但其应用场景也日益增多。LLM 能够显著增强这两个领域的功能和用户体验，典型的应用场景包括：自动语音识别，将语音转化为文本，应用于语音助手、转录服务和字幕生成；语音生成，将文本转化为自然流畅的语音，用于语音助手、导航系统、无障碍功能等；语音情感分析，分析语音中的情感状态，用于客户服务质量评估、心理健康监测等；视频字幕生成，自动生成视频的文字字幕，应用于内容创作、教育、娱乐等领域；视频内容摘要，从长视频中提取关键信息和摘要，应用于新闻聚合、内容推荐等；视频内容生成，生成与文本描述匹配的视频片段或动画，用于广告制作、游戏设计等；视频检索，根据视频内容或文字描述进行视频检索，应用于视频数据库和搜索引擎等。

在本章中，我们不会介绍业界所有主流的多模态技术，而是重点介绍 LangChain 在图像处理和语音处理这两方面的功能特性。

6.2　基于 LangChain 进行图像处理

对于常见的图像处理场景而言，开发人员需要面对的主要分为两类：一类是图像解析，即 LLM 通过上下文学习来理解和解释图像内容，实现从图像到文本的转换，例如通过描述图像中的场景和对象来生成相应的文本描述；另一类则是图像生成，即利用 LLM 强大的语义理解能力，根据文本提示或指令生成新的图像内容。在本节中，我们将对这两大类场景的实现过程进行详细的介绍。

6.2.1　图像解析

考虑这样一种场景：你有很多张图片，希望基于这些图片的含义对它们进行对比和分类管理，这时候就你所使用的处理工具需要理解每一张图片所包含的内容。针对这一场景，你就可以使用"图像文本提取"这一功能来实现分类目标。为此，你需要构建这样一种能力，把图像作为输入而不是输出来与 LLM 进行交互。

1. Python 图像处理技术和工具

在基于 LLM 处理图像之前，我们有必要对 Python 领域中被广泛采用的图像处理技术和工具进行简要描述，这是后续实现图像上传和解析操作的基础。

假设我们现在有一个图像文件，应如何读取该文件呢？在 Python 的世界中，我们可以引入一些工具库来实现这一目标。目前，常见的图像处理工具库包括 PIL、Pillow、Scikit-image、Opencv 等。考虑到在这个案例中，我们要做的事情仅仅是读取图像文件并交由 LangChain 进行处理，所以只需要引入最基础的数字图像处理能力即可，Scikit-image 和

Opencv 这种综合性的开发框架就显得过于复杂了。因此，我们倾向于选择轻量级的 PIL 和 Pillow。其中 PIL 是一个免费开源的 Python 图像处理库，其 API 简洁易用，一度深受好评，但目前已经停止更新。而 Pillow 是 PIL 的一个派生分支，它在 PIL 的基础上增加了许多新的特性。在这里，我们选择 Pillow 作为我们的图像处理工具库。

请注意，在安装 Pillow 之后，虽导入库的语句仍然是 import PIL，但实际上使用的是 Pillow（这里的"PIL"可以看作 Pillow 库的简称，而不是原始的 PIL 库）。Pillow 支持图像的多种输入格式，如 .jpeg、.png、.bmp、.gif、.ppm、.tiff 等，且支持图像格式之间的相互转换。它的常见方法包括：

- ❏ open 方法：从文件中加载图像。
- ❏ save 方法：将图像保存到文件。
- ❏ format 方法：标识图像格式。
- ❏ mode 方法：代表图像的模式，例如，RGB 表示真彩色图像，L 表示灰色图像。
- ❏ convert 方法：将当前图像转换为其他模式并返回新的图像。
- ❏ size 方法：获取图像的尺寸，按照像素数计算。

基于上述方法，要想利用 Pillow 从文件中加载图像并对图像进行处理，我们可以编写如代码清单 6-1 所示的实现代码。

代码清单 6-1　基于 Pillow 加载图像

```
from PIL import Image

image = Image.open(uploaded_file).convert("RGB")
image.save("temp.png")
```

这段代码的执行效果是：从某一个上传的文件中加载图像，并把图像转换为 RGB 模式，然后将转换后的图像存储为一个 temp.png 文件以备后续使用。

2. 图像上传和解析

下面，让我们回到案例场景。在现实中，我们通常都是通过上传图像文件来对其进行解析。假设我们还是使用 Streamlit 这款工具来开发 Web 应用，那么可以引入 file_uploader 组件。用户可以通过上传一个图像文件或者指定一个 URL 来加载目标图像信息。为此，我们可以定义如代码清单 6-2 所示的获取目标图像文件 URL 的工具方法。

代码清单 6-2　获取目标图像文件 URL 的工具方法定义

```
def upload_image_files_return_urls(
    type: List[str]=["jpg", "jpeg", "png", "bmp"]
) -> List[str]:

    """
    上传图像文件，将它们转换为 Base64 编码的图像，并返回结果编码图像的列表，以便用作 URL 的替
```

　　代品。
"""

```
st.write("")
st.write("** 图像对话 **")
source = st.radio(
    label="Image selection",
    options=("Uploaded", "From URL"),
    horizontal=True,
    label_visibility="collapsed",
)
image_urls = []

if source == "Uploaded":
    uploaded_files = st.file_uploader(
        label="Upload images",
        type=type,
        accept_multiple_files=True,
        label_visibility="collapsed",
        key="image_upload_" + str(st.session_state.uploader_key),
    )
    if uploaded_files:
        try:
            for image_file in uploaded_files:
                image = Image.open(image_file)
                thumbnail = shorten_image(image, 300)
                st.image(thumbnail)
                image = shorten_image(image, 1024)
                image_urls.append(image_to_base64(image))
        except UnidentifiedImageError as e:
            st.error(f"An error occurred: {e}", icon="□ ")
else:
    image_url = st.text_input(
        label="URL of the image",
        label_visibility="collapsed",
        key="image_url_" + str(st.session_state.uploader_key),
    )
    if image_url:
        if is_url(image_url):
            st.image(image_url)
            image_urls = [image_url]
        else:
            st.error("Enter a proper URL", icon="□ ")

return image_urls
```

上述 upload_image_files_return_urls 方法的实现过程非常具有实用性，因为它同时考虑了基于图像数据和图像原始 URL 来构建目前图像地址的实现需求。这段方法综合使用了 Python 图像处理方面的一组技术要点，我们一一展开讲解。

如果用户选择的是上传图像文件，那么系统会通过 Image 对象的 open 方法来打开这个图像文件。这个 Image 对象来自前面介绍的 Python PIL 库。然后，我们调用 shorten_image 方法生成缩略图，再通过 image_to_base64 将图像文件转换为字节流。它们的实现过程如代码清单 6-3 所示。

代码清单 6-3　生成缩略图和将图像文件转换为字节流的实现

```python
def shorten_image(image: Image, max_pixels: int=1024) -> Image:
    """
    接收一个图像对象作为输入，如果图像大小超过最大像素阈值，则缩小图像尺寸。
    """

    if max(image.width, image.height) > max_pixels:
        if image.width > image.height:
            new_width, new_height = 1024, image.height * 1024 // image.width
        else:
            new_width, new_height = image.width * 1024 // image.height, 1024

        image = image.resize((new_width, new_height))

    return image

def image_to_base64(image: Image) -> str:
    """
    将 PIL 图像对象转换为 Base64 编码的图像，并返回得到的编码图像字符串，以便用作 URL 的替代品。
    """

    # 将当前图像转换为 RGB 模式，并且返回新的图像
    if image.mode != "RGB":
        image = image.convert("RGB")

    # 将图像保存为 BytesIO 对象
    buffered_image = BytesIO()
    image.save(buffered_image, format="JPEG")

    # 将 BytesIO 对象转换为字节并采用 Base64 编码
    img_str = base64.b64encode(buffered_image.getvalue())

    # 将字节转换为字符串
    base64_image = img_str.decode("utf-8")

    return f"data:image/jpeg;base64,{base64_image}"
```

　　这两个方法演示了如何对图像文件进行转换，从而为后续处理提供基础的图像数据。请注意，这里出现的 BytesIO 是 Python 内置的一个 I/O 类，用于在内存中读写二进制数据。它的作用类似于文件对象，但是数据并不是存储在磁盘上，而是存储在内存中。我们可以像对文件对象一样，对其进行读写、查找和截断等操作。在 Python 的世界中，BytesIO 类通常用来操作二进制数据，如图片、音频、视频等。

　　另外，在 upload_image_files_return_urls 方法中，用户也可以直接通过输入图像文件的 URL 来指定它的路径。无论使用哪种方式，Streamlit 都会把文件保存起来以备后续使用。

3. 实现图像聊天机制

　　在我们成功获取了目标图像的 URL 之后，下一步就是使用 LLM 来针对图像的内容进行对话了。在 LangChain 中集成的多模态模型主要由 Anthropic、OpenAI、Vertex AI 等平台提供，接下来我们讨论如何将图像数据传递给这些模型，并获取对应的处理结果。

　　首先，让我们演示如何整合图像数据和多模态模型。我们将利用 ChatOpenAI 创建一个聊天模型，实现过程如代码清单 6-4 所示。

代码清单 6-4　实现图像数据和多模态模型的整合

```python
from langchain_core.messages import HumanMessage
from langchain_openai import ChatOpenAI
import base64
import httpx

image_url = "..."
image_data = base64.b64encode(httpx.get(image_url).content).decode("utf-8")

model = ChatOpenAI(model="gpt-4o")

message = HumanMessage(
    content=[
        {"type": "text", "text": "describe the weather in this image"},
        {
            "type": "image_url",
            "image_url": {"url": f"data:image/jpeg;base64,{image_data}"},
        },
    ],
)

response = model.invoke([message])
print(response.content)
```

　　可以看到，基于 LangChain 对图像进行提问的实现过程并不复杂。我们在这里定义了图像文件的 URL，然后创建了一个 ChatOpenAI。请注意，这里使用了 OpenAI 的 "gpt-4o"模型，该模型对于图像处理提供了强大的支持。然后，我们将图像文件的内容转换为字节流进行传递，这种做法最为常见，也适用于大多数模型的集成。最后，我们创建了一个 HumanMessage，这是聊天模型中的一种聊天消息类型，用于指定用户的输入。在这里通过 image_url 参数传入了一张图像的地址，然后调用 ChatOpenAI 的 invoke 方法对这个图像进行提问，并得到一个 Response 对象。通过对这个对象进行解析，成功获取了聊天模型的返回结果。

我们可以直接在一个类型为"image_url"的内容块中输入图像的 URL。请注意，并非所有模型都支持这样做。示例代码如代码清单 6-5 所示。

代码清单 6-5　基于单个图像 URL 调用 LLM

```
message = HumanMessage(
    content=[
        {"type": "text", "text": "describe the weather in this image"},
        {"type": "image_url", "image_url": {"url": image_url}},
    ],
)

response = model.invoke([message])
print(response.content)
```

当然，我们也可以在一次对话中传入一组图像的 URL，示例代码如代码清单 6-6 所示。

代码清单 6-6　基于一组图像 URL 调用 LLM

```
message = HumanMessage(
    content=[
        {"type": "text", "text": "are these two images the same?"},
        {"type": "image_url", "image_url": {"url": image_url}},
        {"type": "image_url", "image_url": {"url": image_url}},
    ],
)

response = model.invoke([message])
print(response.content)
```

当我们需要对多张图像进行对比或分类时，这种做法就非常有用。

针对案例中的系统，我们可以采用类似的方式来编写一个 process_with_images 工具方法，实现方式如代码清单 6-7 所示。

代码清单 6-7　process_with_images 工具方法的实现

```
def process_with_images(
    llm: ChatOpenAI,
    message_content: str,
    image_urls: List[str]
```

```
) -> str:

"""
使用语言模型处理给定的历史查询及其相关联的图片。
"""

content_with_images = (
    [{"type": "text", "text": message_content}] +
    [{"type": "image_url", "image_url": {"url": url}} for url in image_urls]
)
message_with_images = [HumanMessage(content=content_with_images)]

return llm.invoke(message_with_images).content
```

可能你对这段代码已经非常熟悉了，我们只是构建一组 HumanMessage 并简单调用 ChatOpenAI 的 invoke 方法来触发模型调用而已。你可能会认为上述 process_with_images 方法中的 message_content 字段就是用户本次输入的问题，但为了获取更好的对话效果，输入给 LLM 的往往是一组聊天历史记录。让我们一起来看一下。

4. 整合聊天历史记录

构建聊天历史记录的实现过程也比较简单。首先，我们可以基于用户输入构建如代码清单 6-8 所示的一个 HumanMessage 对象。

代码清单 6-8　基于用户输入构建 HumanMessage 对象

```
human_message = HumanMessage(
    content=query, additional_kwargs={"image_urls": image_urls}
)
```

当使用 Streamlit 时，我们可以借助会话状态对象 session_state 来保存当前用户的输入消息。而在模型生成响应之后，我们也需要把响应结果存放到聊天历史记录中，如代码清单 6-9 所示。

代码清单 6-9　保存响应结果到聊天历史记录中

```
st.session_state.history.append(human_message)
st.session_state.history.append(AIMessage(content=generated_text))
```

在系统运行过程中，st.session_state.history 对象所包含的数据示例如代码清单 6-10 所示。

代码清单 6-10　st.session_state.history 对象所包含的数据示例

```
[
    HumanMessage(content=' 请描述这张图片 ', additional_kwargs={'image_urls': ...},
        response_metadata={}),
```

```
AIMessage(content=' 这张饼图显示了 4 个类别的数据分布：Hogs、Frogs、Logs 和 Dogs。
    \n\n- Hogs 占有橙色区域。\n- Frogs 占有蓝色区域。\n- Logs 占有红色区域。\n-
    Dogs 占有绿色区域。\n\n具体的百分比或数量没有提供，因此无法详细说明每个类别的确切
    比例。', additional_kwargs={}, response_metadata={}),
HumanMessage(content='4 个区域中哪个区域最大？', additional_kwargs={},
    response_metadata={}),
AIMessage(content=' 抱歉，我无法查看或分析图片。如果您能提供更多细节或描述，我会尽力帮
    助您。', additional_kwargs={}, response_metadata={})
]
```

这里出现了两组 HumanMessage 和 AIMessage 类型的聊天消息，关于这两种消息类型的详细描述可以回顾 2.1 节的内容。而 LLM 的另一类消息是 SystemMessage，专门用来定义有关 LLM 在此对话中的角色、应该执行什么样的行为、以何种风格回答等指示。显然，当我们调用 process_with_images 方法时，传入的 message_content 字段应该是 SystemMessage 类型。为此，我们需要将聊天历史记录转换为一个具有系统消息含义的字符串。

针对这一目标，我们首先把 st.session_state.history 中的聊天历史记录和用户新一轮的输入合并成一个数据结构，如代码清单 6-11 所示。

代码清单 6-11　合并 st.session_state.history 示例

```
{
    'chat_history': [HumanMessage(content=' 请描述这张图片 ', additional_kwargs={'image_
        urls': ...}], response_metadata={}), AIMessage(content=' 这张饼图显示了
        4 个类别的数据分布：Hogs、Frogs、Logs 和 Dogs。\n\n- Hogs 占有橙色区域。\n-
        Frogs 占有蓝色区域。\n- Logs 占 有红色区域。\n- Dogs 占有绿色区域。\n\n具体的百
        分比或数量没有提供，因此无法详细说明每个类别的确切比例。', additional_kwargs={},
        response_metadata={})]，
    'input': '4 个区域中哪个区域最大？'
}
```

然后，我们创建一个提示词模板类，并尝试通过该模板类来获取系统消息，如代码清单 6-12 所示。

代码清单 6-12　基于提示词模板类获取系统消息

```
history_query = {"chat_history": chat_history, "input": query}

ChatPromptTemplate.from_messages([
    (
        "system",
        f" 你是一个有用的人工智能助手。"
        f" 你的目标是回答人类的询问。如果信息不可用，明确告知人类无法找到答案。"
    ),
    MessagesPlaceholder(variable_name="chat_history"),
    (
```

```
        "human", "{input}"
    ),
])

messages = chat_prompt.invoke(history_query)
print(messages)
```

请注意，这里出现了一个 MessagesPlaceholder 对象，它在 LangChain 中主要用于 ChatPromptTemplate 的场景。当不确定应该使用哪个角色来生成消息提示词模板，或者希望在格式化过程中动态插入一系列消息时，MessagesPlaceholder 会非常有用。例如，可以使用 MessagesPlaceholder 来插入之前的聊天历史记录，以便聊天模型在生成响应时能够参考这些上下文信息，正如上述代码所展示的那样。关于 MessagesPlaceholder 的详细介绍可以回顾 2.2 节的内容。上述代码的输出结果如代码清单 6-13 所示。

代码清单 6-13 系统消息生成结果

```
[
    SystemMessage(content=' 你是一个有用的人工智能助手。 你的目标是回答人类的询问。如
        果信息不可用，明确告知人类无法找到答案。', additional_kwargs={}, response_
        metadata={}), HumanMessage(content=' 请 描 述 这 张 图 片 ', additional_
        kwargs={'image_urls': ...}, response_metadata={}),
    AIMessage(content=' 这张饼图显示了 4 个类别的数据分布：Hogs、Frogs、Logs 和 Dogs。
        \n\n- Hogs 占有橙色区域。\n- Frogs 占有蓝色区域。\n- Logs 占有红色区域。\n-
        Dogs 占有绿色区域。\n\n 具体的百分比或数量没有提供，因此无法详细说明每个类别的确切
        比例。', additional_kwargs={}, response_metadata={}),
    HumanMessage(content='4 个区域中哪个区域最大? ', additional_kwargs={}, response_
        metadata={})
]
```

上述结果中第一个 SystemMessage 的 content 字段就是目标系统消息。理论上，可以把各种变量放置到这个系统消息中，比如把"你是一个有用的人工智能助手"这个 AI 角色描述的生成过程改成动态效果。

6.2.2 图像生成

想要通过 LLM 生成图像，就需要引入对应的图像处理模型。DALL-E 是 OpenAI 公司开发的一款图像处理模型，它能够根据用户输入的自然语言描述生成图像。基于 OpenAI 的 DALL-E 模型，开发人员可以很轻松地基于一段文本输入生成一幅复杂而生动的图像。而借助于 OpenAI 所提供的客户端开发工具，我们通过几行代码就能实现这一目标，示例代码如代码清单 6-14 所示。

代码清单 6-14 基于文本生成图像的实现

```
from openai import OpenAI
```

```
model = OpenAI()
response = model.images.generate(
    model="dall-e-3",
    prompt=" 生成一幅杭州西湖美景的图像 ",
    size="1024x1024",
    quality="standard",
    n=1,
)
image_url = response.data[0].url
```

可以看到，这里使用的图像处理模型是 DALL-E3，该模型支持的图像大小包括 1024×1024、1024×1792 或 1792×1024 像素。图像的默认生成质量为标准（standard）质量，此时它的生成速度是最快的。但我们可以通过将 quality 参数设置成 " hd " 来强化图像的细节。可以使用 DALL-E3 模型一次请求一个图像，或使用 DALL-E2 模型一次请求 10 个图像，这里的参数 n 就是用来设置图像请求数量的。

在上述代码中，我们可以从 response 对象中获取所生成的关于杭州西湖美景的图像 URL 地址。访问这个地址就可以获取整个图像了，效果如图 6-1 所示。

图 6-1   关于杭州西湖美景的图像示例

DALL-E3 模型会在生成图像前对用户输入的提示词进行重新编辑，并加入一些细节。如果想知道 DALL-E3 模型在生成图像时实际使用的提示词是什么，则可以通过如代码清单 6-15 所示的方式来查看。

代码清单 6-15   获取图像生成时实际使用的提示词

```
print(response.data[0].revised_prompt)
```

请注意，目前 DALL-E3 模型不允许关闭提示词重写功能，这意味着开发人员对输出的控制会降低，我们可以根据需要使用上述实现方式来对目标提示词进行调整和验证。

6.3　基于 LangChain 进行语音处理

前面我们讨论了如何利用 LangChain 框架对图像进行有效处理。而在与 LLM 交互的过程中，语音实际上也是一种非常常见的用户输入和反馈的媒介。在本节中，我们将结合案例分别从自动语音识别和文本转语音这两个方面对语音处理技术进行详细的介绍。

6.3.1　自动语音识别

基于自动语音识别（Automatic Speech Recognition，ASR）技术，计算机能够理解和处理人类语音，将语音信号转换为文本数据或命令。语音识别的处理过程涉及两个步骤，即采集录入语音和识别语音内容。

1. 采集录入语音

通常，可以通过麦克风来采集用户输入来获取语音数据。在使用 Streamlit 框架时，我们可以引入 audio_recorder 这个 UI 控件来实现这一目标。而想要使用这一控件，需要先执行如代码清单 6-16 所示的组件安装命令。

代码清单 6-16　audio-recorder-streamlit 组件安装命令

```
pip install audio-recorder-streamlit
```

audio_recorder 控件的使用方法并不复杂，示例代码如代码清单 6-17 所示。

代码清单 6-17　audio_recorder 控件的使用方法

```
import streamlit as st
from audio_recorder_streamlit import audio_recorder

audio_bytes = audio_recorder()
if audio_bytes:
    st.audio(audio_bytes, format="audio/wav")
```

这里我们通过 audio_recorder 控件来采集语音内容，并通过 Streamlit 的 audio 控件来展示一个音频播放器，用来播放原始音频数据。而当我们在构建 audio_recorder 控件时，可以调整录音参数 energy_threshold 和 pause_threshold。其中，energy_threshold 参数控制录音灵敏度，超过此阈值时我们认为用户正在说话。如果它是一个浮点数，则该阈值用于自动检测录音的开始和结束时间。而 pause_threshold 参数在 energy_threshold 参数的基础上控制录音中断时长，从而实现自动停止录音。

我们再来看一个示例。现实中，很多时候我们希望录制一段固定时长的音频，那么可以构建一个如代码清单 6-18 所示的 audio_recorder 控件来实现这一目标。

代码清单 6-18 构建控制时长的 audio_recorder 控件

```
audio_bytes = audio_recorder(
    energy_threshold=(-1.0, 1.0),
    pause_threshold=3.0,
)
```

开发人员可以通过设置 energy_threshold=(-1.0, 1.0) 来录制固定时长的音频，这样录音器会认为在录音启动时用户开始说话，然后在 pause_threshold 参数所指定的时间之后将不再说话。

另外，我们还可以设置 audio_recorder 控件的展示效果。audio_recorder 控件在表现形式上就是一个录音按钮，我们可以分别从图标（Icon）、文本（Text）、颜色（Color）和大小（Size）等方面来调整该按钮。

在本案例中，我们利用如代码清单 6-19 所示的 input_from_mic 方法来完成语音的采集。

代码清单 6-19 基于 input_from_mic 方法实现语音采集

```
def input_from_mic() -> Optional[str]:
    """
    将麦克风的音频输入转换为文本并返回。
    如果没有音频输入，则返回 None。
    """

    time.sleep(0.5)
    audio_bytes = audio_recorder(
        pause_threshold=3.0,
        text="Speak",
        icon_size="2x",
        recording_color="#e87070",
        neutral_color="#6aa36f"
    )

    if audio_bytes == st.session_state.audio_bytes or audio_bytes is None:
        return None
    else:
        st.session_state.audio_bytes = audio_bytes
        return read_audio(audio_bytes)
```

可以看到，这里构建了一个 audio_recorder 控件并设置了一组常用参数。然后，把语音内容保存在 Streamlit 的状态对象 session_state 中，并调用 read_audio 方法返回文本内容。这个 read_audio 方法在实现上就采用了接下来要介绍的语音识别机制。

2. 识别语音内容

在语音识别这一步，需要完成与 LLM 的交互。read_audio 方法的作用就是读取音频流并返回对应的文本信息，实现方式如代码清单 6-20 所示。

代码清单 6-20　基于 read_audio 方法实现语音识别

```python
def read_audio(audio_bytes: bytes) -> Optional[str]:
    """
    读取音频流并返回对应的文本
    """
    try:
        audio_data = BytesIO(audio_bytes)
        audio_data.name = "recorded_audio.wav"

        transcript = openai.audio.transcriptions.create(
            model="whisper-1", file=audio_data
        )
        text = transcript.text
    except Exception as e:
        text = None
        st.error(f"出现异常：{e}", icon="□")

    return text
```

上述代码演示了如何实现语音转文本。针对语音处理，OpenAI 平台为开发人员提供了 Audio 端点，该端点具有音频转文本（Create Transcription）以及将音频翻译成英文（Create-Translation）的功能，目前支持的文件格式有 .mp3、.mp4、.mpeg、.mpga、.m4a、.wav 和 .webm 等。

Audio 音频转文本接口的使用方法和聊天模型类似，唯一需要注意的点是我们需要选择一个语音处理模型。对此，OpenAI 目前只有一个模型可用，即 whisper-1 模型。Whisper 模型支持 99 种不同语言的转录，这意味着无论音频是用哪种语言录制的，模型基本能够将其识别并转录为文本。而除了多语言转录之外，Whisper 模型还能够将识别的文本从原始语言翻译为英语。这使得它成为一个强大的跨语言交流工具。同时，Whisper 模型对于口音、背景噪声和技术语言等场景也具有很好的鲁棒性，这意味着在各种不同的环境和条件下，模型都能够保持较高的识别准确率。

在上述代码中，我们同样使用了 BytesIO 工具类完成对音频流数据的处理，并通过 OpenAI 的 Whisper 模型生成了对应的文本内容。一旦获取这一文本内容，就相当于获取了用户的文本输入，我们就很容易将其与前面介绍的图像解析和图像生成过程进行整合。

6.3.2　文本转语音

文本转语音就是通常所说的 TTS 技术。TTS 是"Text-to-Speech"的缩写，是一种可以将电子文本转换成可以听到的语音输出的技术。TTS 通常包括一个文本分析器和一个文本合成器。其中，文本分析器将文本分解成可发音的单元（如单词、音节或音素），而文本合成器再将这些单元转换成声音。这种技术广泛应用于各种场景，比如电子书阅读器、语音助手等。

而在本案例中，我们也要引入 TTS 技术来将 LLM 的输出通过语音的方式播放出来。

在接下来的内容中，我们同样使用 OpenAI 模型来实现 TTS 功能。在 OpenAI 的 TTS 模型中，用户可以选择不同的声音和模型类型，以定制生成语音的效果。声音可以是男声或女声，而模型类型有不同的版本以满足不同的需求，如 "tts-1" 或 "tts-1-hd"。其中 "tts-1" 是 OpenAI TTS 的基本版本，是一种相对较小的模型，适用于一般的从文本到语音的转换任务。该模型生成的语音质量较好，但可能在某些情况下缺少一些细节。而 "tts-1-hd" 是 "tts-1" 的高清版本，具有更大的模型容量和更多的参数。这通常意味着能够更好地捕捉文本中的复杂结构和音频细节，适用于对语音质量有更高要求的场景，如音频合成、语音应用等。

与语音识别一样，OpenAI 的 TTS API 也是一个端点，调用方式如代码清单 6-21 所示。

代码清单 6-21 OpenAI 的 TTS API 的调用方式

```python
def perform_tts(text: str) -> Optional[HttpxBinaryResponseContent]:
    """
    将文本作为输入，执行文本转语音（TTS），并返回一个音频响应。
    """

    try:
        with st.spinner("TTS 处理中 ..."):
            audio_response = openai.audio.speech.create(
                model="tts-1",
                voice="fable",
                input=text,
            )
    except Exception as e:
        audio_response = None
        st.error(f"发生异常：{e}", icon="□")

    return audio_response
```

TTS 端点的调用方式比较简单。可以看到，这里选择的模型是 "tts-1"，而 "voice" 参数用于指定声音类型，包括 Alloy（合金）、Echo（回声）、Fable（寓言）、Onyx（黑玛瑙）、Nova（新星）和 Shimmer（闪光）等。每种声音类型都具有独特的音质、音调和语音特点。这里指定的是 "Fable" 类型，可以呈现出富有魅力的音质，适合用于讲故事。

传入一个文本字符串，perform_tts 方法返回的是一个 HttpxBinaryResponseContent 对象，这是一个类似字节流的对象。我们可以将这个对象中的音频数据编码为 Base64 格式，然后嵌入到一个语音播放器中进行播放，实现方式如代码清单 6-22 所示。

代码清单 6-22 语音播放器的实现方式

```python
def play_audio(audio_response: HttpxBinaryResponseContent) -> None:
    """
```

将文本转语音（TTS）生成的音频响应作为输入，并播放该音频
"""

```
audio_data = audio_response.read()

# 将音频数据编码为 Base64 格式
b64 = base64.b64encode(audio_data).decode("utf-8")

# 创建一个 Markdown 字符串，用于嵌入带有 Base64 源的音频播放器
md = f"""
    <audio controls autoplay style="width: 100%;">
    <source src="data:audio/mp3;base64,{b64}" type="audio/mp3">
    你的浏览器不支持语音元素。
    </audio>
    """

# 使用 Streamlit 来渲染音频播放器
st.markdown(md, unsafe_allow_html=True)
```

　　这里我们创建了一个 Markdown 字符串，并通过 <audio> 标签嵌入带有 Base64 源的音频播放器，这样在 Streamlit 界面中就会出现一个语音播放器组件，效果如图 6-2 所示。

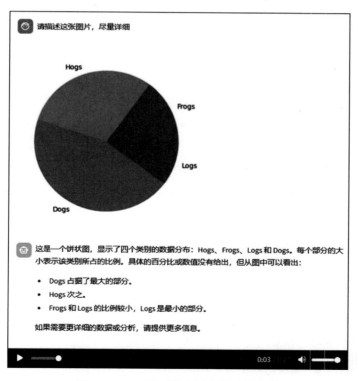

图 6-2　Web 页面嵌入语音播放器组件

点击图 6-2 中的播放按钮，系统就会以指定的声音类型将 LLM 模型返回的文本内容以语音的形式播放出来。

6.4　多模态处理器的系统整合

现在，我们已经成功构建了图像解析、图像生成、语音识别和文本转语音这几个多模态处理器的核心功能，是时候把它们整合在一起了。

6.4.1　对话机制集成

为了实现系统的整合，首先我们需要构建对话机制。为此，我们需要先构建对话的主流程，然后基于该主流程完成与多个 LLM 模型之间的有效集成。

1. 对话主流程

对于多模态处理器而言，最核心的功能就是对话交互，其中涉及图像对话和文本对话。针对这两类对话方式，我们可以实现一个通用的对话主流程，如代码清单 6-23 所示。

代码清单 6-23　对话主流程的实现

```python
def perform_query(
    query: str,
    model: str,
    image_urls: List[str],
    temperature: float=0.7,
) -> Union[str, None]:

    """
    根据用户查询生成文本。
    聊天提示和消息历史存储在 st.session_state 变量中。
    """

    try:
        llm = get_chat_model(model, temperature, [StreamHandler(st.empty())])
        if llm is None:
            st.error(f"不支持的模型：{model}", icon="□")
            return None

        # 获取聊天历史记录
        chat_history = st.session_state.history
        history_query = {"chat_history": chat_history, "input": query}

        # 获取系统消息
        message_with_no_image = st.session_state.chat_prompt.invoke(history_query)
```

```
        message_content = message_with_no_image.messages[0].content

        # 执行图像对话
        if image_urls:
            generated_text = process_with_images(llm, message_content, image_
                urls)
            human_message = HumanMessage(
                content=query, additional_kwargs={"image_urls": image_urls}
            )
        # 执行文本对话
        else:
            generated_text = llm.invoke(message_with_no_image).content
            human_message = HumanMessage(content=query)

        if isinstance(generated_text, list):
            generated_text = generated_text[0]["text"]

        # 添加聊天历史记录
        st.session_state.history.append(human_message)
        st.session_state.history.append(AIMessage(content=generated_text))

        return generated_text
    except Exception as e:
        st.error(f"出现异常：{e}", icon="□")
        return None
```

前面已经对 perform_query 方法的具体实现过程做了介绍，不难看出这里整合了聊天历史记录和系统消息，以及完成了图像对话和文本对话的执行。

2. 多模型集成

在前面的 perform_query 方法中，我们通过 get_chat_model 方法来获取一个 LLM 实例。在多模型处理器的实现过程中，我们也可以尝试集成多种大语言模型。在 LangChain 中，除了前面已经展示的 OpenAI 平台的 ChatOpenAI 以外，我们也可以使用 Anthropic 平台的 ChatAnthropic 以及 Google 平台的 ChatGoogleGenerativeAI，这两个工具类的背后分别是 Claude 和 Gemini 系列的 LLM。

无论使用哪种聊天模型，我们都需要确保用于系统集成的 API Key 的有效性。以 OpenAI 平台为例，我们可以利用如代码清单 6-24 所示的验证方法来对这个密钥的有效性进行校验。

代码清单 6-24　OpenAI API Key 验证方法

```
def is_openai_api_key_valid(openai_api_key: str) -> bool:
    """
    如果给定的 OpenAI API Key 有效，则返回 True
```

```
    """

    headers = {
        "Authorization": f"Bearer {openai_api_key}",
    }
    try:
        response = requests.get(
            "https://api.openai.com/v1/models", headers=headers
        )
        return response.status_code == 200
    except requests.RequestException:
        return False
```

可以看到，这里直接调用了 OpenAI 的原生 API 端点，并通过 HTTP 请求的返回状态值来确认请求是否成功，从而间接验证 API Key 的有效性。

而对于 Google 平台而言，为了调用 API 同样需要先创建 API Key。我们可以采用与 OpenAI 类似的校验方式，如代码清单 6-25 所示。

代码清单 6-25　Google API Key 验证方法

```
def is_google_api_key_valid(google_api_key: str) -> bool:
    """
    如果给定的 Google API Key 有效，则返回 True。
    """

    if not google_api_key:
        return False

    gemini_llm = ChatGoogleGenerativeAI(
        model="gemini-pro", google_api_key=google_api_key
    )
    try:
        gemini_llm.invoke("Hello")
    except:
        return False
    else:
        return True
```

这里我们直接构建了一个 ChatGoogleGenerativeAI 类，并调用它的 invoke 方法来获取返回值。如果调用过程没有异常，则说明 API Key 是有效的。

有了多个模型之后，我们就可以实现前面提到的 get_chat_model 方法了，实现过程如代码清单 6-26 所示。

代码清单 6-26　动态获取聊天模型方法实现

```
def get_chat_model(
```

```
        model: str,
        temperature: float,
        callbacks: List[BaseCallbackHandler]
    ) -> Union[ChatOpenAI, ChatAnthropic, ChatGoogleGenerativeAI, None]:

        """
        根据给定的模型名称获取相应的聊天模型。
        """

        model_map = {
            "gpt-": ChatOpenAI,
            "claude-": ChatAnthropic,
            "gemini-": ChatGoogleGenerativeAI
        }
        for prefix, ModelClass in model_map.items():
            if model.startswith(prefix):
                return ModelClass(
                    model=model,
                    temperature=temperature,
                    streaming=True,
                    callbacks=callbacks
                )
        return None
```

这个工具方法比较简单，直接根据输入模型名称的前缀来获取 LangChain 中的对应封装类即可。

6.4.2　回调和流式处理

请注意，我们在前面介绍的 get_chat_model 方法中传入了一组 callbacks 对象，其目的是实现一套流式处理机制。在本节中，我们将详细讨论 LangChain 中的回调（Callback）和流式（Streaming）处理机制。

1. 回调

LangChain 提供了一个回调系统，允许开发人员连接 LLM 请求的各个阶段。这对于日志记录、过程监控和流式传输都非常有用。

在 LangChain 中存在一个 BaseCallbackHandler 类，专门用来提供一组回调方法，这些方法用来订阅 LLM 执行过程中的各个事件，其定义如代码清单 6-27 所示。

代码清单 6-27　LangChain 中 BaseCallbackHandler 类的定义

```
class BaseCallbackHandler:
    """ 基础回调处理器，可用来处理来自 LangChain 的回调。
    """
```

```python
def on_llm_start(
    self, serialized: Dict[str, Any], prompts: List[str], **kwargs: Any
) -> Any:
    """当 LLM 开始运行时触发。"""

def on_chat_model_start(
    self, serialized: Dict[str, Any], messages: List[List[BaseMessage]],
        **kwargs: Any
) -> Any:
    """当聊天模型开始运行时触发。"""

def on_llm_new_token(self, token: str, **kwargs: Any) -> Any:
    """当 LLM 生成新标记时触发。仅在启用流式传输模式时可用。"""

def on_llm_end(self, response: LLMResult, **kwargs: Any) -> Any:
    """当 LLM 结束运行时触发。"""

def on_llm_error(
    self, error: Union[Exception, KeyboardInterrupt], **kwargs: Any
) -> Any:
    """当 LLM 出错时触发。"""

def on_chain_start(
    self, serialized: Dict[str, Any], inputs: Dict[str, Any], **kwargs:
        Any
) -> Any:
    """当 Chain 开始运行时触发。"""

def on_chain_end(self, outputs: Dict[str, Any], **kwargs: Any) -> Any:
    """当 Chain 结束运行时触发。"""

def on_chain_error(
    self, error: Union[Exception, KeyboardInterrupt], **kwargs: Any
) -> Any:
    """当 Chain 出错时触发。"""

def on_tool_start(
    self, serialized: Dict[str, Any], input_str: str, **kwargs: Any
) -> Any:
    """当 Tool 开始运行时触发。"""

def on_tool_end(self, output: str, **kwargs: Any) -> Any:
    """当 Tool 结束运行时触发。"""

def on_tool_error(
    self, error: Union[Exception, KeyboardInterrupt], **kwargs: Any
```

```
    ) -> Any:
        """ 当 Tool 出错时触发。"""

    def on_text(self, text: str, **kwargs: Any) -> Any:
        """ 在任意文本上触发。"""

    def on_agent_action(self, action: AgentAction, **kwargs: Any) -> Any:
        """ 在 Agent 执行时触发。"""

    def on_agent_finish(self, finish: AgentFinish, **kwargs: Any) -> Any:
        """ 在 Agent 停止执行时触发。"""
```

可以看到，针对 LLM、Chain、Tool 以及 Agent 这 4 个组件的相关操作，LangChain 都定义了对应的回调方法供开发人员进行扩展。而 LangChain 本身也提供了一些内置的回调处理器（CallbackHandler），最基本的处理器就是 StdOutCallbackHandler，它只是将所有事件记录到 stdout。请注意，当 LangChain 对象上的 verbose 标志被设置为 "True" 时，StdOutCallbackHandler 就会被调用，这是 LangChain 的默认行为。

如果想要实现一个自定义的回调处理器，开发人员要做的事情就是使其继承 BaseCallbackHandler 类并覆写对应的回调方法，示例代码如代码清单 6-28 所示。

代码清单 6-28　自定义回调处理器的实现方法

```
from langchain.callbacks.base import import BaseCallbackHandler

class MyCustomHandler(BaseCallbackHandler):
    def on_llm_new_token(self, token: str, **kwargs) -> None:
        print(f" 自定义回调处理器，token: {token}")
```

这里我们创建了一个 MyCustomHandler 类并覆写了 BaseCallbackHandler 的 on_llm_new_token 方法，从而实现每当 LLM 生成一个令牌时就能够打印对应的日志。

那么，如何在自己的业务代码中使用这个自定义的回调处理器呢？开发人员可以使用两种方式来传入回调对象，分别是**构造函数回调**和**请求回调**。

构造函数回调指的是在构造函数中定义回调处理器，如 LLMChain(callbacks=[handler])。这时候，这个 handler 将被用于对该对象的所有调用，并且将只作用于该对象。例如，如果向 LLMChain 构造函数传递一个 handler，那么它将不会被附属于该链的 LLM 使用。

相比于构造函数回调，请求回调通常定义在用于发送请求的 call/run/apply 等方法中，如 chain.call(inputs, callbacks=[handler])。这时候，这个 handler 将仅用于该特定请求以及它包含的所有子请求。例如，对 LLMChain 的调用会触发对 LLM 的调用，而在该 LLM 使用的 call 方法中将使用同一 handler。

就应用场景而言，构造函数回调最适用于记录、监控等与单个请求无关的用例。例如，如果你想记录对 LLMChain 的所有请求，那么可以将回调处理传递给构造函数。而请求回调最适用于流式传输等用例。接下来，我们将用案例演示如何基于回调实现流式处理机制。

2. 流式处理

如果你使用过 OpenAI 的 ChatGPT，那么就应该体验过它的流式生成技术。流式机制显著提高了用户体验，因为用户无须在未知中等待，几乎可以立即开始获取响应结果。借助于 LangChain 的回调机制，实现流式处理并不复杂，我们要做的事情是构建一个处理器类，使其继承 BaseCallbackHandler 类并添加对应的回调处理功能。我们把这个处理器类命名为 StreamHandler，它的实现过程如代码清单 6-29 所示。

代码清单 6-29   StreamHandler 实现

```python
class StreamHandler(BaseCallbackHandler):
    def __init__(self, container, initial_text=""):
        self.container = container
        self.text = initial_text

    def on_llm_new_token(self, token: Any, **kwargs) -> None
        // 提取 Token 中的文本内容
        new_text = self._extract_text(token)
        if new_text:
            self.text += new_text
            self.container.markdown(self.text)

    def _extract_text(self, token: Any) -> str:
        if isinstance(token, str):
            return token
        elif isinstance(token, list):
            return ''.join(self._extract_text(t) for t in token)
        elif isinstance(token, dict):
            return token.get('text', '')
        else:
            return str(token)
```

想要实现流式处理机制，就需要覆写 BaseCallbackHandler 中的 on_llm_new_token 回调方法。但请注意，我们在实现 StreamHandler 时传入了一个 container 对象，以便通过它的 markdown 方法展示文本信息。显然，这个 container 对象应该是 Streamlit 中的一个可视化组件。我们来看 StreamHandler 与 Streamlit 的整合场景，如代码清单 6-30 所示。

代码清单 6-30   实现 StreamHandler 与 Streamlit 整合

```python
llm = get_chat_model(model, temperature, [StreamHandler(st.empty())])

def get_chat_model(
    ...
    callbacks: List[BaseCallbackHandler]
```

```
) -> Union[ChatOpenAI, ChatAnthropic, ChatGoogleGenerativeAI, None]:
...
    for prefix, ModelClass in model_map.items():
        if model.startswith(prefix):
            return ModelClass(
                ...
                callbacks=callbacks
            )
    return None
```

可以看到，这里使用的是构造函数回调。我们在具体某一个 LLM 对象的构造函数中通过 callbacks 参数传入了一组回调处理器。而 StreamHandler 所使用的 container 实际上是 Streamlit 中的一个空元素容器。在 Streamlit 中，st.empty() 方法用于创建一个空元素容器的函数，这个容器可以在稍后的时间点上动态地填充内容，从而使应用程序在运行时更新显示信息。

6.5　本章小结

本章介绍了多模态处理器的构建过程。这是一种能够处理文本、图像、语音等多种媒体数据类型的 LLM 应用程序。利用 LangChain 框架，我们集成了多种 LLM 模型以及图像处理和语音处理技术。在技术实现方面，我们使用 Pillow 库进行图像处理，通过 OpenAI 的 DALL-E 模型生成图像，使用 OpenAI 的 Whisper 模型进行语音识别，以及使用 OpenAI 的 TTS 技术将文本转换为语音。最后，我们将这些多模态处理功能整合到一个系统中，包括对话集成、多模型集成、回调和流式处理机制。通过本章的学习，读者可以理解多模态处理技术在现代应用场景中的重要性和实用性，掌握其应用方法。

第 7 章

定制化 Agent 开发实战

当下，Agent 是 AI 技术研究和应用的一大热点。它拥有复杂的工作流程，可以基于模型进行自我对话，而无须人类驱动各部分之间的交互。Agent 具备给 LLM 设定目标以及使其在循环中自我提示的能力。LLM 和 Agent 之间的相互作用可以推动自然语言处理的发展，使其更加智能、灵活和实用。

在本章中，我们将深入剖析 Agent 的运行机制，并尝试基于 LlamaIndex 框架来构建 Agent。Agent 系统与 Tool 组件是紧密相关的，我们会从 LlamaIndex 框架为开发人员提供的 Tool 和 Agent 开始，结合具体的业务场景设计并实现一款自定义的 Agent 系统。

7.1 Agent 的运行机制

Agent 翻译成中文一般是"智能代理"或"智能体"，它的任务是根据用户输入来分析当前的应用场景。而对于任何一款具有智能化能力的应用程序而言，其关键能力是可以在运行时自动调用某些功能。这就涉及 1.1 节中介绍的 Tool 的概念。LLM 在必要时可以调用一个或多个可用的 Tool 组件，这些 Tool 组件通常由开发人员根据业务需求定义。

Agent 调用 Tool，从而确保 LLM 能够与外部世界交互，辅助 LLM 完成复杂任务。这些 Tool 组件实际上相当于 Agent 可以使用的函数。Tool 可以是任何用户自定义功能的包装器，能够读取或写入数据、调用外部 API，或执行任何类型的代码。我们可以针对特定的业务场景开发一组专门的 Tool 组件。Tool 也可以调用其他 Tool，甚至是其他 Agent 组件。那么问题就来了，Agent 在什么时候调用这些 Tool 组件呢？

总体来说，我们构建的 LLM 应用需要尽可能自主地决定使用哪个 Tool，这取决于具体的用户查询信息和当前操作的数据集。而硬编码的解决方案通常只能在有限的场景中取得良好的结果。这时候就需要引入推理循环机制，这一机制能够让我们更好地理解 Agent 调用 Tool 的时机和过程。图 7-1 展示了推理循环机制的基本工作流程。

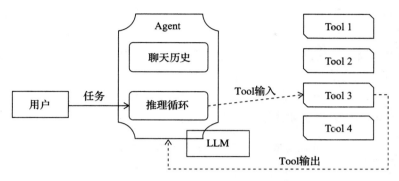

图 7-1 Agent 推理循环机制的基本工作流程

推理循环是 Agent 的一个基本功能，用于确保 Agent 能够智能地决定在不同场景中使用哪些 Tool。这一点很重要，因为在复杂的现实世界应用中，需求可能会有显著变化，而硬编码的实现方法会限制 Agent 的有效性。本质上，推理循环机制负责决策。它评估上下文，理解现有任务的要求，然后从一组 Tool 组件中选择合适的来完成任务。这种动态方法使 Agent 能适应各种场景，变得功能丰富且高效。

在 LlamaIndex 中，推理循环的实现因 Agent 的类型而异。例如，在接下来要介绍的案例中，OpenAIAgent 使用 Function API 来做决策，而内置的 ReActAgent 则依赖与 LLM 的交互来完成推理过程。

当然，推理循环不仅用于选择正确的 Tool，还涉及确定多个 Tool 的调用顺序及其具体参数。这种智能地与各种 Tool 和数据源进行交互，以及动态读取和修改数据的能力，是 Agent 与那些简单的查询引擎或聊天引擎之间的显著区别。

7.2 LlamaIndex 的 Tool 和 Agent 组件

在理解了推理循环机制之后，本节一起来看 LlamaIndex 这个框架为开发人员提供了哪些 Tool 和 Agent 组件。

7.2.1 Tool

在 1.1 节中我们已经了解了 Tool 组件的概念和基本的使用方式，这些 Tool 组件通常由开发人员根据业务需求定义。不同的 LLM 集成性开发框架都提供了对 Tool 组件的内置支持功能。接下来我们基于 LlamaIndex 框架来详细了解 Tool 组件的定义和它的使用方式。

1. 定义 Tool

在 LlamaIndex 中，存在两种不同类型的 Tool 组件：

❏ QueryEngineTool：可以封装任何现有的查询引擎，它只能提供对现有数据的只读访问。

❏ FunctionTool：使得任何用户定义的函数都可以被转换成 Tool 组件。这是一种通用的 Tool，允许执行任何类型的操作。

在本节中，我们会同时采用 QueryEngineTool 和 FunctionTool 来构建 Agent。首先，QueryEngineTool 的构建方法如代码清单 7-1 所示。

代码清单 7-1　QueryEngineTool 的构建方法

```
from llama_index.core.tools import QueryEngineTool

tool = QueryEngineTool.from_defaults(
query_engine=query_engine,
description=f"Contains data about {document_title}",
)
```

可以看到，QueryEngineTool 的构建依赖 LlamaIndex 中的一个 QueryEngine 对象，本质上是对 QueryEngine 的一层简单封装。

然后，FunctionTool 的使用示例如代码清单 7-2 所示。

代码清单 7-2　FunctionTool 的使用示例

```
from llama_index.core.tools import FunctionTool

def calculate_average(*values):
"""
计算所提供值的平均数。
"""
return sum(values) / len(values)

average_tool = FunctionTool.from_defaults(fn=calculate_average)
```

想要构建一个 FunctionTool，我们要做的事情是提供一个函数，并把该函数赋值为 FunctionTool。原则上，我们可以在这个函数中执行任何想要的业务逻辑。

将函数转换成 Tool 之后，必须为 Tool 提供描述性的字符串，就像前面的示例一样。LlamaIndex 依赖这些描述字符串来使 Agent 理解特定 Tool 的定义目的和正确使用方法。这些描述信息将在 Agent 的推理循环中被引用，用于确定哪个特定的 Tool 适合解决哪个特定任务，从而帮助 Agent 决定执行路径。

2. 集成 Tool 和检索机制

Tool 是一种强大的技术组件，我们经常需要将 Tool 和检索器组合在一起使用，并实现一个自适应的检索机制。对于这样的场景，我们要重点关注 RetrieverTool 这个工具类，它接收两个重要的参数：一个检索器和一个针对检索器的文本描述。代码清单 7-3 展示了 RetrieverTool 的使用方式。

代码清单 7-3　RetrieverTool 的使用方式

```
vector_retriever = vector_index.as_retriever()
summary_retriever = summary_index.as_retriever()

vector_tool = RetrieverTool.from_defaults(
    retriever=vector_retriever,
    description="使用这个来回答有关北京的问题。"
)
summary_tool = RetrieverTool.from_defaults(
    retriever=summary_retriever,
    description="使用这个来回答有关宠物的问题。"
)
```

可以看到，这里通过 RetrieverTool 构建了两个 Tool，分别对应两个检索器对象。然后，我们可以在这两个检索器的基础之上定义一个 RouterRetriever 对象，并将这两个 Tool 组件分别传入，示例代码如代码清单 7-4 所示。

代码清单 7-4　定义 RouterRetriever 对象

```
routerRetriever= RouterRetriever(
    selector=PydanticMultiSelector.from_defaults(),
    retriever_tools=[
        vector_tool,
        summary_tool
    ]
)
response = retriever.retrieve("...")
for r in response:
    print(r.text)
```

RouterRetriever 能够对一组可用的 Tool 组件进行选择。根据用户查询，路由器将决定应该使用哪个 RetrieverTool 来生成答案。在 LlamaIndex 中，我们可以使用 PydanticMultiSelector 来配置其路由行为。可以看到，在 RouterRetriever 的构造函数中，我们传入了一个 PydanticMultiSelector 对象。这是 LlamaIndex 内置的一个选择器组件，它使用 Pydantic 这个 Python 库来执行具体的选择逻辑。现在，当我们每次通过 RouterRetriever 发起检索时，选择器将动态决定使用哪个单独的检索器来返回上下文。

和 RouterRetriever 类似，你也可以引入 RetrieverQueryEngine 来实现类似的效果。当然，LlamaIndex 对于查询引擎的支持并不仅仅是提供了 RetrieverQueryEngine 这个基础查询引擎实现类，还包含功能更为全面而强大的一组查询引擎，如 RouterQueryEngine。我们再来看一个更加复杂的例子，代码清单 7-5 呈现了初始化一个 RouterQueryEngine 应该要做的准备工作。

代码清单 7-5　初始化 RouterQueryEngine 的步骤

```
indexes = []
query_engines = []
tools = []
for doc in documents:
document_title = doc.metadata['document_title']
index = SummaryIndex.from_documents([doc])
query_engine = index.as_query_engine(
    response_mode="tree_summarize",
    use_async=True,
)
tool = QueryEngineTool.from_defaults(
    query_engine=query_engine,
    description=f"Contains data about {document_title}",
)
indexes.append(index)
query_engines.append(query_engine)
tools.append(tool)
```

不难看出，这里我们针对每个文档分别创建了一个 SummaryIndex、QueryEngine 以及 QueryEngineTool。在 LlamaIndex 中，任何查询引擎都可以通过 QueryEngineTool 被转换为一个 Tool。请注意，这里我们使用 "document_title" 这一文档元数据为选择器提供每个 Tool 的描述信息。现在我们有了可用 Tool 的列表，就可以基于 PydanticMultiSelector 构建 RouterQueryEngine，实现方式如代码清单 7-6 所示。

代码清单 7-6　基于 PydanticMultiSelector 构建 RouterQueryEngine

```
qe = RouterQueryEngine(
    selector=PydanticMultiSelector.from_defaults(),
    query_engine_tools=tools
)
```

这里演示的 RouterQueryEngine 构建方法是传入一组 Tool 组件给 query_engine_tools 参数。当执行上述代码时，选择器会根据查询内容决定使用哪些 Tool 来收集响应。每个 Tool 返回结果后，查询引擎将整合这些结果并返回最终响应。

3. 基于 Tool 构建聊天模型

现在，让我们假设系统中存在一组文档，需要实现如第 3 章所展示的文档检索助手这样的应用，应该怎么做呢？实现方式当然有很多种。接下来我们来演示如何基于 Tool 构建这样一款 LLM 应用。

首先，让我们设计一个 VectorQueryTool，该 Tool 负责完成对目标文档的向量化，并实现用户查询。显然，VectorQueryTool 的实现需要引入 SimpleDirectoryReader、SentenceSplitter 和 VectorStoreIndex 等一组 LlamaIndex RAG 技术组件，并基于索引构建查询引擎对象，实现过程如代码清单 7-7 所示。

代码清单 7-7　实现 VectorQueryTool

```
class VectorQueryTool:
    def __init__(self, input_files: List[str], chunk_size: int = 1024):
        self.documents = SimpleDirectoryReader(input_files=input_files).load_
            data()
        self.splitter = SentenceSplitter(chunk_size=chunk_size)
        self.nodes = self.splitter.get_nodes_from_documents(self.documents)
        self.vector_index = VectorStoreIndex(self.nodes)

    def vector_query(self, query: str, page_numbers: List[str]) -> str:
        """ 基于索引执行向量搜索 """
        metadata_dicts = [{"key": "page_label", "value": p} for p in page_
            numbers]
        query_engine = self.vector_index.as_query_engine(
            similarity_top_k=2,
            filters=MetadataFilters.from_dicts(metadata_dicts, condition=
                FilterCondition.OR)
        )
        response = query_engine.query(query)
        return response

    def get_tool(self):
        return FunctionTool.from_defaults(
            name="vector_tool",
            fn=self.vector_query
        )
```

这里出现的很多组件的作用和使用方法我们在第 5 章中都做了介绍，唯一需要强调的是 MetadataFilters 组件。MetadataFilters 是一种元数据过滤器。我们已经知道了元数据的概念和使用方式。而在介绍 VectorIndexRetriever 时，我们也提到了在检索过程中可以嵌入过滤器的功能特性。MetadataFilters 可以把两者结合起来，从而具备过滤元数据的能力，其使用方式如代码清单 7-8 所示。

代码清单 7-8　基于 MetadataFilters 过滤元数据

```
filters = MetadataFilters(
    filters=[
        MetadataFilter(key="key", value=input_value)
    ]
```

```
)
retriever = index.as_retriever(filters=filters)
```

可以看到，这里我们定义了一个 MetadataFilter，过滤器的键为"key"，而值为传入的 input_value。如果将该 MetadataFilter 嵌入检索器中，那么这个检索器就具备了元数据过滤能力。而在上述 VectorQueryTool 的构建过程中，我们通过 page_label 这个键对检索结果进行分页，并使用 FilterOperator 来指定过滤条件，这在开发场景中是一个常见技巧。在 VectorQueryTool 的最后，我们看到该类构建的是一个 FunctionTool。

构建完 VectorQueryTool 之后，我们再来构建一个 QueryEngineTool，将它命名为"SummaryTool"，实现过程如代码清单 7-9 所示。

代码清单 7-9　构建 QueryEngineTool

```
class SummaryTool:
    def __init__(self, nodes):
        self.summary_index = SummaryIndex(nodes)
        self.summary_query_engine = self.summary_index.as_query_engine(
            response_mode="tree_summarize",
            use_async=True,
        )

    def get_tool(self):
        return QueryEngineTool.from_defaults(
            name="summary_tool",
            query_engine=self.summary_query_engine,
            description="如果你想要获取提供的文档的概要，这会很有用！"
        )
```

从命名上不难看出，SummaryTool 的作用是基于一组节点创建摘要。可以看到，SummaryTool 的底层使用了 SummaryIndex 这个索引结果。这种索引能确保你的节点有序，让你可以一个接一个地访问它们。它接收一组文档，将文档分解成节点，然后将节点连接成列表。SummaryIndex 非常适用于处理大型文档。注意到这里将响应模式设置为"tree_summarize"，这种模式表示递归摘要，即递归地查询节点并创建摘要，并在每次迭代中将它们连接起来，直到获取一个最终的响应。这对于摘要操作非常有用，最适合用于从多条信息中创建全面的摘要信息。

有了一组实用的 Tool 组件之后，我们就可以构建一个工具类来发起对 LLM 的调用，并在调用过程中嵌入 Tool。在本节中，我们使用 OpenAI 来充当 LLM，那么对应的实现方式如代码清单 7-10 所示。

代码清单 7-10　发起对 LLM 的调用

```
class ResponseHandler:
    def __init__(self, model="gpt-3.5-turbo", temperature=0):
```

```
    self.llm = OpenAI(model=model, temperature=temperature)

def get_response(self, tools: List, query: str):
    response = self.llm.predict_and_call(tools, query, verbose=True)
    return response
```

这里我们构建了一个 OpenAI LLM，并通过它的 predict_and_call 方法来触发 Tool 的调用过程。predict_and_call 方法定义如代码清单 7-11 所示。

代码清单 7-11　predict_and_call 方法定义

```
predict_and_call(tools: List[BaseTool], user_msg: Optional[Union[str,
    ChatMessage]] = None, chat_history: Optional[List[ChatMessage]] = None,
    verbose: bool = False, **kwargs: Any) -> AgentChatResponse
```

可以看到，想要使用 predict_and_call 方法，我们需要传入一组 Tool 组件以及聊天消息。当我们使用 OpenAI LLM 时，LlamaIndex 通过该 LLM 的函数调用机制来选择合适的 Tool。

现在，我们已经具备了对底层 Tool 的构建和调用能力，接下来就可以基于 Tool 封装一个如代码清单 7-12 所示的 ChatBot 类来创建聊天机器人。

代码清单 7-12　基于 Tool 创建聊天机器人

```
class ChatBot:
    def __init__(self, input_files: List[str]):
        self.vector_query_tool = VectorQueryTool(input_files=input_files)
        self.vector_tool = self.vector_query_tool.get_tool()
        self.get_summary = SummaryTool(nodes=self.vector_query_tool.nodes)
        self.summary_tool = self.get_summary.get_tool()
        self.response_handler = ResponseHandler()

    def process_query(self, query: str):
        response = self.response_handler.get_response([self.vector_tool,
            self.summary_tool], query)
        answer = self.response_handler.inspect_response(response)
        return answer
```

ChatBot 类的实现非常简单，就是对前面所构建的一系列组件进行简单封装。完成后，我们可以尝试传入一个 PDF 文件来实现人机交互。例如，我们传入一篇介绍深度学习注意力机制的论文并发起如代码清单 7-13 所示的提问。

代码清单 7-13　基于文档发起提问

```
input_files = ["attention.pdf"]
chatbot = ChatBot(input_files=input_files)
```

```
response = chatbot.process_query("What is Attention?")
print(str(response))
```

上述代码的执行结果如代码清单 7-14 所示。

代码清单 7-14   基于文档获取响应

```
=== Calling Function ===
Calling function: summary_tool with args: {"input": "Attention"}
=== Function Output ===
The attention mechanism in the Transformer model allows for modeling
    dependencies between input and output sequences without regard to their
    distance...
```

可以看到，这里触发了对"summary_tool"这个 Tool 的调用过程，符合我们对"What is Attention?"这个问题的理解，因为这是一个典型的摘要型问题。

我们继续看下一个问题，如代码清单 7-15 所示。

代码清单 7-15   基于文档发起另一个提问

```
response = chatbot.process_query("List the contributors to this paper written
    on the first page, please!?")
print(str(response))
```

这次的响应结果如代码清单 7-16 所示。

代码清单 7-16   基于文档获取另一个响应

```
=== Calling Function ===
Calling function: vector_tool with args: {"query": "List the contributors to
    this paper written on the first page, please!?", "page_numbers": ["1"]}
=== Function Output ===
Ashish Vaswani, Noam Shazeer, Niki Parmar, Jakob Uszkoreit, Llion Jones,
    Aidan N. Gomez, Łukasz Kaiser, Illia Polosukhin
```

显然，这次请求的响应过程是由"vector_tool"这个 Tool 实现的。可见 LLM 能够根据用户的输入找到最为合适的 Tool 来做出响应。

7.2.2　OpenAIAgent

在掌握了 Tool 组件的构建以及调用方式之后，接下来引入 LlamaIndex 框架所提供的内置 Agent 组件。我们首先讨论 OpenAIAgent 这一常用的 Agent 组件。

OpenAIAgent 是一款专门针对 OpenAI LLM 的 Agent 实现方案，利用了 OpenAI 模型的能力，特别是那些支持函数调用 API 的模型。我们在前面已经演示了函数调用的基本实现方式，OpenAIAgent 的运作机制与此类似。

　　OpenAIAgent 的关键优势在于，Tool 的选择逻辑是直接由 LLM 实现的。当我们向 OpenAIAgent 提供查询条件以及聊天历史信息时，LLM 将分析上下文并决定是否需要调用某个 Tool，或者是否返回最终响应。如果它确定需要调用某个 Tool，则 Function API 将输出这个 Tool 的名称。然后，OpenAIAgent 执行该 Tool，并将 Tool 的响应传回聊天历史。这个循环持续进行，直到返回最终消息，表明推理循环已经完成。图 7-2 展示了 OpenAIAgent 的工作流程。

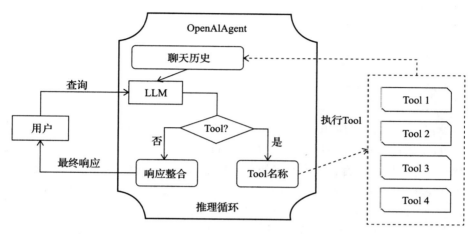

图 7-2　OpenAIAgent 的工作流程

　　如果想要在应用中使用 OpenAIAgent，则需要引入 llama-index-agent-openai 这个依赖包。然后，必须定义可用的 Tool，再使用这些 Tool 组件来初始化 OpenAIAgent，并添加需要的任意自定义参数。OpenAIAgent 常用的初始化参数包括：

❑ tools：在聊天会话期间 Agent 可以使用的 Tool 实例列表。这些 Tool 可以来自专门的查询引擎和自定义处理方法，或者是从 ToolSpec 类中提取的 Tool 集合。

❑ llm：任何支持函数调用 API 的 OpenAI 模型。

❑ memory：这是一个 ChatMemoryBuffer 实例，用于存储和管理聊天历史记录。

❑ prefix_messages：作为聊天会话开始时的预置消息或提示词的 ChatMessage 实例列表。

❑ max_function_calls：在单次聊天互动中可以对 OpenAI 模型发起的最大函数调用次数，默认值为 5。

❑ default_tool_choice：一个字符串，指示在有多个可用 Tool 时默认选择的 Tool。这有助于强制 Agent 使用特定的 Tool。

❑ callback_manager：一个可选的 CallbackManager 实例，用于在聊天过程中管理回调，辅助追踪和调试。

❑ system_prompt：一个可选的初始系统提示词，为 Agent 提供上下文或指令。

如果想要基于 Tool 组件创建一个 OpenAIAgent 对象，则可以采用如代码清单 7-17 所示的实现过程。

代码清单 7-17　基于 Tool 创建 OpenAIAgent 对象

```
from llama_index.agent.openai import OpenAIAgent
from llama_index.llms.openai import OpenAI

llm = OpenAI(model="gpt-4")
agent = OpenAIAgent.from_tools(
    tools=tools,
    llm=llm,
    verbose=True,
    max_function_calls=20
)
```

在这段代码中，我们使用一组 Tool 列表初始化了 OpenAIAgent。verbose 参数将使 Agent 显示每个执行步骤，以便更好地查看推理过程。我们还调整了 max_function_calls 参数，因为对于复杂任务而言，该参数的默认值可能不足以允许 Agent 完成任务。请注意，在 OpenAIAgent 执行的每一步中，Agent 都将 Tool 的输出纳入其持续的推理过程中，我们会在后续的案例系统实现过程中具体分析其执行效果。

接下来看一个 OpenAIAgent 的具体使用示例。先来定义两个 Tool 组件，如代码清单 7-18 所示。

代码清单 7-18　定义两个 Tool 组件

```
def multiply(a: int, b: int) -> int:
    """ 将两个整数相乘并返回结果。"""
    return a * b
multiply_tool = FunctionTool.from_defaults(fn=multiply)

def add(a: int, b: int) -> int:
    """ 将两个整数相加并返回结果。"""
    return a + b
add_tool = FunctionTool.from_defaults(fn=add)
```

基于这两个 Tool 组件，我们构建一个 OpenAIAgent 并通过它与 LLM 进行交互，实现过程如代码清单 7-19 所示。

代码清单 7-19　使用 OpenAIAgent 与 LLM 交互

```
llm = OpenAI(model="gpt-4")
agent = OpenAIAgent.from_tools(
    [multiply_tool, add_tool], llm=llm, verbose=True
)
```

```
response = agent.chat("What is (121 * 3) + 42?")
print(str(response))
```

可以看到，这里通过 OpenAIAgent 的 chat 方法来进行对话。响应结果如代码清单 7-20 所示。

代码清单 7-20　OpenAIAgent 执行效果

```
Added user message to memory: What is (121 * 3) + 42?
=== Calling Function ===
Calling function: multiply with args: {
    "a": 121,
    "b": 3
}
Got output: 363
========================


=== Calling Function ===
Calling function: add with args: {
    "a": 363,
    "b": 42
}
Got output: 405
========================


The result of (121 * 3) + 42 is 405.
```

从执行结果中可以明显看到"(121 * 3) + 42"这个数学公式背后的两次计算过程，分别调用两个 Tool 组件来执行乘法和加法操作。

请注意，OpenAIAgent 的 chat 方法采用的是同步交互机制，我们也可以使用 achat 方法来实现异步交互，以及使用 stream_chat 方法来实现流式交互，不妨自行尝试一下。

7.2.3　ReActAgent

与 OpenAIAgent 依赖于 OpenAI 的函数调用能力不同，ReActAgent 使用更为通用的交互方式，可以和任何 LLM 集成。

1. ReAct 流程解析

ReAct 的意思是将推理（Reasoning）和行动（Acting）相结合（即 ReAct = Reason + Act），它是为解决 LLM 在处理复杂任务时的局限性问题而提出的，通过结合推理和行动来增强 LLM 的透明度、可解释性和实用性。ReAct的核心思想是将 LLM 的语言理解与外部环境的行动相结合，形成思考和行动的循环。ReAct 框架由 LLM、环境和行动空间组成，适用于任务导向型对话系统、自动化脚本编写和机器人控制等领域。

ReAct 的概念有点抽象，我们进一步拆解来看，发现该框架实际上有三个重要的组成部分，即 Thought（思考）、Action（行动）和 Observation（观测），如图 7-3 所示。

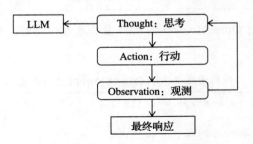

图 7-3　ReAct 框架的执行流程

我们可以举一个现实中的例子来阐述 ReAct 框架的实际应用场景。比方说马上就要过节了，你们一家人准备出去旅游，从杭州到北京的飞机票预算是 1000 元。这时候，你对订票这个事情的做法大致会是这样：

①通过大脑思考得出一个方案，从杭州直飞北京，这就是思考（Thought）。

②需要通过订票网站落实第一步的规划方案，这就是行动（Action）。

③对订票的过程进行观测（Observation），发现从杭州直飞北京的机票最便宜的也需要 1500 元，原定预算不够，因此需要重新规划行程，选择可行的转机方案。

本质上，ReAct 框架是将人类的思维和做事方式以提示词的方式告诉 LLM 进行思考和规划，并调用 Tool 完成执行，形成循环，持续迭代，直到完成对应的任务。如果我们想要实现一个基础的 ReAct 框架，那么需要完成以下核心步骤：

①生成提示词。将代码中预设好的 ReAct 提示词模板和用户的问题进行合并，ReAct 提示词模板的格式为"Quesion→Thought→Action→Observation"。

②调用 LLM。将提示词发给 LLM，LLM 会生成一系列 Thought、Action 和 Observation 的方案。

③调用外部的 Tool 组件完成执行。获得 Action 后，LLM 将 Action 中的自然语言转化为对应外部 Tool 可理解的 API 调用。这个功能实质上是对 LLM 进行微调以实现从自然语言到 API 接口格式的精准转换。

④生成 Observation。接收外部 Tool 的数据之后，系统会将其转化为自然语言表述，形成 Observation。接着，系统将新生成的 Observation 与先前的 Thought 及 Action 一并提交给 LLM，继续执行步骤②与步骤③。这一循环将持续进行，直到所有 Action 都完成为止。

⑤完成输出。

在流程结束时，最后一个 Observation 会被转化为易于理解的自然语言表述并呈现给用户，作为整个交互过程的最终输出结果。如代码清单 7-21 所示，这是一个 ReAct 执行过程中所产生的日志信息示例。

代码清单 7-21　查询天气的 ReAct 执行日志

```
Processing task: What is the weather tomorrow?
User Input: What is the weather tomorrow?
Action Taken: Query weather service
Observation: Agent processed the input and decided to: Query weather service
Final Response: Tomorrow's weather is expected to be partly cloudy with a
    high of 24° C.
```

上述日志信息来自天气查询的场景。从日志中，我们看到了它调用" weather service" 这个外部 Tool 组件，并返回了明天的天气情况。这个场景比较简单，而对于复杂场景而言，ReAct 框架的执行过程可能会涉及多轮内部交互过程。

与借助函数调用 API 而将多个 Tool 链接在一起的 OpenAIAgent 不同，ReActAgent 的执行逻辑完全依赖其提示词。ReActAgent 使用预定义的循环和最大迭代次数以及策略性提示词来模拟推理循环。通过策略性的提示工程，ReActAgent 可以实现有效的 Tool 编排和链式执行，类似于 OpenAI 函数调用 API 的输出过程。这里关键的一点在于，OpenAI 函数调用 API 的逻辑是嵌入在模型中的，而 ReActAgent 依赖一定的提示词结构来引导所需的 Tool 选择行为。这种方法具备相当的灵活性，因为它可以适应不同的 LLM，支持不同的实现和应用。

2. 使用 ReActAgent

想要在 LlamaIndex 中创建一个 ReActAgent，我们可以复用在创建 OpenAIAgent 时所使用的一组参数，包括 tool、llm、memory、callback_manager 和 verbose 等。同时，ReActAgent 还包含如下所示的一组特定参数：

❑ max_iterations：类似于 OpenAIAgent 中的 max_function_calls 参数，此参数设置了 ReAct 循环可以执行的最大迭代次数。这个限制确保 Agent 不会陷入无限的处理循环。

❑ react_chat_formatter：一个 ReActChatFormatter 实例。它将聊天历史格式化为一个结构化的 ChatMessages 列表，根据提供的 Tool、聊天历史和推理步骤，在用户和助手的角色之间交替。这有助于保持推理循环中的清晰度和一致性。

❑ output_parser：一个可选的 ReActOutputParser 类的实例。这个解析器处理 Agent 生成的输出，帮助解释输出内容和对它们进行格式化。

❑ tool_retriever：一个可选的 ObjectRetriever 实例。这个检索器可以根据某些标准动作获取 Tool。当我们需要处理大量 Tool 时，它会尤其有用。

❑ context：一个可选的字符串，为 Agent 提供初始指令。

初始化和使用 ReActAgent 的方式与 OpenAIAgent 相同，只是不需要安装任何集成包，因为 ReActAgent 是 LlamaIndex 核心组件的一部分，其创建方式如代码清单 7-22 所示。

代码清单 7-22   ReActAgent 创建方式

```
from llama_index.agent.react import ReActAgent
agent = ReActAgent.from_tools(tools)
```

总的来说，ReActAgent 最大的特色是它的灵活性，因为它可以使用任何 LLM 来驱动其独特的 ReAct 循环，使其能够智能地选择和使用各种 Tool。

接下来再看一个示例，代码清单 7-23 展示了创建和使用 ReActAgent 的实现方式。

代码清单 7-23   使用 ReActAgent 示例

```
llm = OpenAI(model="gpt-3.5-turbo")
agent = ReActAgent.from_tools([multiply_tool, add_tool], llm=llm, verbose=True)

agent.chat("What is 20+(2*4)? Calculate step by step")
```

这里我们复用了前面介绍的两个 Tool 组件，并执行了一个简单的数学演算，执行结果如代码清单 7-24 所示。

代码清单 7-24   使用 ReActAgent 进行数学演算的效果

```
> Running step f100aeb5-7209-4b2f-83ee-d9923808c585. Step input: What is
    20+(2*4)? Calculate step by step
Thought: The current language of the user is: English. I need to use a tool
    to help me answer the question.
Action: multiply
Action Input: {'a': 2, 'b': 4}
Observation: 8
> Running step 3ae5e50a-ccad-4595-8578-55992ada75a9. Step input: None
Thought: The current language of the user is: English. I need to use a tool
    to help me answer the question.
Action: add
Action Input: {'a': 20, 'b': 8}
Observation: 28
> Running step 27d599c4-67e6-4661-bb23-0a965ab9a43b. Step input: None
Thought: I can answer without using any more tools. I'll use the user's
    language to answer
Answer: The result of 20 + (2 * 4) is 28.
```

可以看到，这里展示了"Quesion→Thought→Action→Observation"这样一个推演过程，并最终获取了计算结果。现在让我们通过如代码清单 7-25 所示的方式来获取 ReActAgent 在这个过程中所使用的提示词。

代码清单 7-25   获取 ReActAgent 内置提示词的实现方法

```
prompt_dict = agent.get_prompts()
print(prompt_dict)
for k, v in prompt_dict.items():
    print(f"Prompt: {k}\n\nValue: {v.template}")
```

可以看到这里出现了一个 get_prompts 方法，该方法返回的字典将**键**（用于标识查询引擎使用的不同类型的提示词）映射到**值**（提示词模板），执行结果如代码清单 7-26 所示。

代码清单 7-26 ReActAgent 内置提示词的定义

```
Prompt: agent_worker:system_prompt

Value: You are designed to help with a variety of tasks, from answering
    questions to providing summaries to other types of analyses.

## Tool
You have access to a wide variety of tools. You are responsible for using the
    tools in any sequence you deem appropriate to complete the task at hand.
This may require breaking the task into subtasks and using different tools to
    complete each subtask.

You have access to the following tools:
{tool_desc}
## 输出格式化

Please answer in the same language as the question and use the following format:
```
Thought: The current language of the user is: (user's language). I need to
    use a tool to help me answer the question.
Action: tool name (one of {tool_names}) if using a tool.
Action Input: the input to the tool, in a JSON format representing the kwargs
    (e.g. {{"input": "hello world", "num_beams": 5}})
```

Please ALWAYS start with a Thought.

NEVER surround your response with markdown code markers. You may use code
    markers within your response if you need to.

Please use a valid JSON format for the Action Input. Do NOT do this {{'input':
    'hello world', 'num_beams': 5}}.

If this format is used, the user will respond in the following format:
```
Observation: tool response
```

You should keep repeating the above format till you have enough information
    to answer the question without using any more tools. At that point, you
    MUST respond in the one of the following two formats:
```
Thought: I can answer without using any more tools. I'll use the user's
    language to answer
```
```

```
Answer: [your answer here (In the same language as the user's question)]
```
```

```
Thought: I cannot answer the question with the provided tools.
Answer: [your answer here (In the same language as the user's question)]
```

当前会话
Below is the current conversation consisting of interleaving human and
    assistant messages.
```

这就是 ReActAgent 内置的一个系统提示词模板，用来指导相应的 Agent 对 Tool 的调用。事实上，LlamaIndex 内置了一组常用的系统提示词，而这里出现的 get_prompts 方法可以和第 5 章介绍的检索器、查询引擎以及许多其他 RAG 组件一起使用。这对于我们理解 LLM 的运行过程以及排查可能出现的问题非常有用。

7.2.4　AgentRunner 和 AgentWorker

到目前为止，我们介绍的 OpenAIAgent 和 ReActAgent 都是功能强大的 Agent 组件，为开发人员提供即插即用的高阶 API。现在，我们要深入到这些组件的背后，尝试探寻其底层的实现过程。

LlamaIndex 为开发人员提供了一种更细粒度的方式来控制 Agent，称为低阶 Agent 协议 API。这组 API 具备更强的控制能力和灵活性来执行用户查询，它使得用户能够更细致地管理 Agent 的动作，有助于开发复杂度较高的 Agent 系统。这一方式是基于两个主要组件实现的，即 AgentRunner 和 AgentWorker，它们的工作方式如图 7-4 所示。

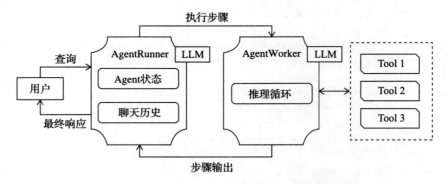

图 7-4　AgentRunner 和 AgentWorker 的协作机制

从图 7-4 中可以看到，我们使用 AgentRunner 来协调任务和存储聊天历史，而 AgentWorker 控制每个任务步骤的执行，自己并不存储状态。AgentRunner 管理整个过程并整合结果。

如果想要使用 AgentRunner 和 AgentWorker 来模拟 OpenAIAgent 的工作流程，那我们

可以采用如代码清单 7-27 所示的策略。

代码清单 7-27　基于 AgentRunner 和 AgentWorker 模拟 OpenAIAgent

```
from llama_index.core.agent import AgentRunner
from llama_index.agent.openai import OpenAIAgentWorker

tool = FunctionTool.from_defaults(fn=...)
tools = [tool]

step_engine = OpenAIAgentWorker.from_tools(
    tools,
    verbose=True
)

agent = AgentRunner(step_engine)
input = (...)
```

可以看到，这里我们基于 Tool 组件创建了一个 OpenAIAgentWorker 对象，然后初始化 AgentRunner 并创建包含任务的用户输入。

接下来，我们可以使用 Agent 的 chat 方法来执行端到端交互，从而在不需要对每个推理步骤进行干预的情况下完成任务，实现方式如代码清单 7-28 所示。

代码清单 7-28　调用 Agent 的 chat 方法

```
response = agent.chat(input)
print(response)
```

这非常简单，我们只需要等待 Agent 完成任务并在所有步骤完成后提供最终响应即可。而为了实现更细粒度的控制，我们可以利用 AgentRunner 创建任务，逐个运行步骤并完成响应，实现过程如代码清单 7-29 所示。

代码清单 7-29　利用 AgentRunner 创建任务

```
task = agent.create_task(input)
step_output = agent.run_step(task.task_id)
```

在这里，我们为 AgentRunner 创建了一个新的任务并执行了任务的第一步。由于这种方法提供了对每个步骤执行过程的精细化控制，我们必须在代码中手动实现一个循环，即反复调用 run_step 方法，直到所有步骤都已完成，实现过程如代码清单 7-30 所示。

代码清单 7-30　循环调用 run_step 方法

```
while not step_output.is_last:
    step_output = agent.run_step(task.task_id)
```

上述循环将持续运行，直到最后一步完成。最后，我们整合并显示最终答案，如代码清单 7-31 所示。

代码清单 7-31　Agent 整合最终答案

```
response = agent.finalize_response(task.task_id)
print(response)
```

以上实现过程允许我们单独执行和观察每个推理步骤。create_task 方法初始化一个新任务，run_step 方法执行每一步并返回相应的输出。一旦所有步骤都完成，finalize_response 方法将生成最终的响应。

总结来看，低阶 Agent 协议 API 实现了清晰的关注点分离：AgentRunner 管理任务的整体协调和聊天记忆，而 AgentWorker 只专注于执行任务的具体步骤。这种分工增强了系统的可维护性和可扩展性。另外，这种架构设计方法也提高了对 Agent 决策过程的可见性和控制力。

7.3　构建自定义 Agent

有了前面内容作为基础，现在来到本章的重点部分，即使用 LlamaIndex 来构建一个自定义的 Agent。

7.3.1　自定义 Agent 的场景分析

当下，无论各种 NoSQL 技术如何发展，数据库，尤其是关系型数据库技术仍然是应用系统开发的基石。因此，当我们在构建 LLM 应用时，如何与数据库进行有效集成是一个不可回避的话题。我们知道数据库中的数据具有关系键，并且可以轻松地映射到预设计好的字段中。这些数据一般被称为结构化数据。而非结构化数据指的是没有以预定义方式组织的数据，或者没有预定义的数据模型。我们在前面介绍 RAG 应用时已经接触了很多非结构化数据，典型的例子包括各类视频、音频文件、Word 文档、PDF、文本和媒体日志等。

有了对结构化数据和非结构化数据的概念的基本了解，我们再来讨论什么是 Text-to-SQL（文本转SQL）。所谓 Text-to-SQL，指的是自然语言处理中的一项任务，其目标是自动基于自然语言生成 SQL查询。这项任务首先需要将文本输入转换为结构化表示，然后使用这种表示生成可以在数据库上执行的语义正确的 SQL 查询语句。显然，Text-to-SQL是一种面向结构化数据的检索技术，它的基本结构如图 7-5 所示。

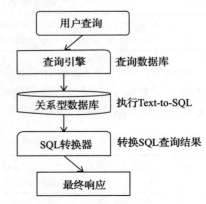

图 7-5　Text-to-SQL 检索技术的基本结构

另外，我们在前面介绍的几个案例基本是面向非结构化的业务数据的，使用的数据源来自向量数据库，这时候所采用的检索技术的基本结构如图 7-6 所示。

我们可以通过具体的场景来分析上述架构。假设我们想要对世界上的城市信息进行检索，首先，这些城市具有人口、所属国家等结构化数据，它们存储在关系型数据库中。其次，每个城市也包含人文、历史等非结构化数据，它们的存储媒介是维基百科。那么，如何基于这些城市信息设计检索功能呢？这些功能需要结合文本转 SQL 和语义检索技术，以查询结构化和非结构化数据。例如，针对"哪个城市属于哪个国家？"这类问题，我们希望直接从关系型数据库中获取结构化的明确结果。而针对"某个城市有哪些风景名胜？"等问题，我们则希望从非结构化数据中寻求答案。

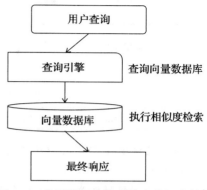

图 7-6　向量数据库检索技术的基本结构

本案例要构建的就是一个同时具备结构化和非结构化数据查询能力的 Agent。该 Agent 既可以利用 SQL 的结构化数据表达能力，也可以从向量数据库中获取非结构化数据。

7.3.2　创建 Tool 组件

为了满足自定义 Agent 的处理场景，我们将创建两个 Tool 组件，分别是 SQL Tool 和 Vector Tool，分别用于执行数据库查询和向量检索。

1. 定义 SQL Tool

在 LlamaIndex 中，创建 SQL Tool 的前提是实现数据库查询引擎，而实现数据库查询引擎的第一步是创建 SQLDatabase，为此我们需要先引入 SQLAlchemy 引擎。

SQLAlchemy 是一款 Python SQL 工具包和对象关系映射器，它为开发人员提供了一整套企业级数据持久化模式，这些模式旨在实现高效和高性能的数据库访问。SQLAlchemy 功能强大，可以省去很多重复性工作，如手动管理数据库连接、资源、事务等，让开发者更加高效地使用数据库。许多大型 Python 项目都选择使用 SQLAlchemy 作为 ORM 框架。想要使用 SQLAlchemy，我们首先需要导入 sqlalchemy 模块，如代码清单 7-32 所示。

代码清单 7-32　导入 sqlalchemy 模块

```
from sqlalchemy import (
    create_engine,
    MetaData,
    Table,
    Column,
    String,
```

```
    Integer,
    select,
)
```

借助于 SQLAlchemy，我们可以很轻松地创建一个数据库访问引擎，如代码清单 7-33 所示。

代码清单 7-33　创建数据库访问引擎

```
engine = create_engine("sqlite:///:memory:", future=True)
```

注意到这里使用的是 SQLite 数据库。通常，我们把 SQLite 称为嵌入式的内存数据库。SQLite 在使用前不需要安装设置，不需要进行进程来启动、停止或配置，而其他大多数 SQL 数据库引擎是作为单独的服务器进程来独立运行的。当我们使用 SQLite 时，访问数据库的程序直接对磁盘上的数据库文件进行读写，没有中间的服务器进程。由于数据库检索器的目的是展示 LlamaIndex 的功能特性，需要尽量降低对外部组件的依赖，因此 SQLite 就非常适合作为示例数据库，被集成到数据库检索器的构建过程中。

有了数据库访问引擎之后，下一步要做的事情是定义数据库模式，这时候可以引入 SQLAlchemy 的 MetaData 类。MetaData 相当于 Python 层的数据库结构定义，用 Table 对象来表示表定义，用 Column 对象来表示表中的列定义，具体定义方式如代码清单 7-34 所示。

代码清单 7-34　基于 MetaData 定义表结构

```
metadata_obj = MetaData()
table_name = "city_stats"
wiki_cities_table = Table(
    table_name,
    metadata_obj,
    Column("city_name", String(16), primary_key=True),
    Column("population", Integer),
    Column("country", String(16), nullable=False),
)
metadata_obj.create_all(engine)
```

通过以上操作，我们定义了"city_stats"这张表的表结构，该表用来存储一组城市信息。然后，我们通过 MetaData 的 create_all 方法将该对象上的所有 Table 对象转换为 DDL 发送给数据库。

接下来，我们就可以使用 SQLAlchemy 的工具方法来对数据库中的数据执行 CRUD 操作了，就像操作普通的关系型数据库一样，示例代码如代码清单 7-35 所示。

代码清单 7-35　向数据库中插入数据

```
from sqlalchemy import insert
```

```
rows = [
    {"city_name": "Toronto", "population": 2930000, "country": "Canada"},
    {"city_name": "Tokyo", "population": 13960000, "country": "Japan"},
    {"city_name": "Berlin", "population": 3645000, "country": "Germany"},
]
for row in rows:
    stmt = insert(wiki_cities_table).values(**row)
    with engine.connect() as connection:
        cursor = connection.execute(stmt)
        connection.commit()
```

可以看到，这里通过 engine 对象的 connect 方法与 SQLite 数据库建立连接，并插入一组数据。同时，我们也可以通过类似的方法从数据库中获取已插入的数据，如代码清单 7-36 所示。

代码清单 7-36　从数据库中查询数据

```
with engine.connect() as connection:
    cursor = connection.exec_driver_sql("SELECT * FROM city_stats")
    print(cursor.fetchall())
```

通过这组工具方法，我们已经掌握了 SQLAlchemy 的基础用法，这对于我们构建基础版数据库检索器已经足够了。

在创建了 SQLAlchemy 引擎之后，下一步就可以定义 LlamaIndex 中的 SQLDatabase 对象了。基于前面已经创建的数据库访问引擎，SQLDatabase 的定义方法非常简单，如代码清单 7-37 所示。

代码清单 7-37　定义 SQLDatabase

```
from llama_index.core import SQLDatabase

sql_database = SQLDatabase(engine, include_tables=["city_stats"])
```

至此，基础版数据库检索器的第一个阶段已经完成，我们成功创建了一个 SQLDatabase 对象。SQLDatabase 对象对 SQLAlchemy 引擎进行了封装。通过这种封装，就可以把 SQLAlchemy 引擎集成到自然语言处理查询引擎中，从而确保 LlamaIndex 能够使用数据库中的数据。

一旦完成了 SQLDatabase 对象的初始化，就可以引入 LlamaIndex 中的 NLSQLTable-QueryEngine 构建自然语言查询，这些查询会被合成为 SQL 查询。NLSQLTableQueryEngine 本质上也是一个 QueryEngine，除了需要指定 LLM 之外，它会接收一个 sql_database 参数用于指定数据库连接信息。同时，我们也需要通过设置 tables 参数来指定查询的表。在这个场景中，我们的目标是前面创建的 wiki_cities 表。如代码清单 7-38 所示，这是一个 NLSQLTableQueryEngine 基本使用示例。

代码清单 7-38　NLSQLTableQueryEngine 基本使用示例

```
from llama_index.llms.openai import OpenAI

llm = OpenAI(temperature=0.1, model="gpt-3.5-turbo")
sql_query_engine = NLSQLTableQueryEngine(
    sql_database=sql_database,
    tables=["city_stats"],
    verbose=True,
    llm=llm
)
```

请注意，在这里我们需要明确指定想要与这个查询引擎一起使用的数据库表。如果不这样做，那查询引擎就会拉取所有数据库表，这可能会超出 LLM 的上下文窗口限制。

现在，我们就可以基于 NLSQLTableQueryEngine 构建一个 Tool 组件，如代码清单 7-39所示。

代码清单 7-39　基于 NLSQLTableQueryEngine 构建 Tool 组件

```
sql_tool = QueryEngineTool.from_defaults(
    query_engine=sql_query_engine,
    description=(
        "用于将自然语言查询翻译成一个 SQL 查询，该查询是针对包含以下内容的表进行的：city_
            stats，其中包含每个城市的总人口和国家。"
    ),
)
```

显然，这是一个 QueryEngineTool。借助于底层的 NLSQLTableQueryEngine，我们能够把用户的自然语言输入转换为 SQL 查询。

2. 定义 Vector Tool

相比于 SQL Tool，定义 Vector Tool 的过程比较简单，只需要基本遵循 RAG 的开发流程即可，实现过程如代码清单 7-40 所示。

代码清单 7-40　Vector Tool 定义

```
from llama_index.readers.wikipedia import WikipediaReader
from llama_index.core import VectorStoreIndex

cities = ["Toronto", "Berlin", "Tokyo"]
wiki_docs = WikipediaReader().load_data(pages=cities)

# 为每个城市构建一个单独的向量索引
vector_tools = []
for city, wiki_doc in zip(cities, wiki_docs):
    vector_index = VectorStoreIndex.from_documents([wiki_doc])
```

```
vector_query_engine = vector_index.as_query_engine()
vector_tool = QueryEngineTool.from_defaults(
    query_engine=vector_query_engine,
    description=f"Useful for answering semantic questions about {city}",
)
vector_tools.append(vector_tool)
```

可以看到，这里使用了 WikipediaReader 这个 Reader 组件，从 Wikipedia 上抓取了 3 个城市的信息并将它们自动转换为一组文档对象。接着，我们就可以使用这组文档对象来填充索引。基于 VectorStoreIndex，我们创建了查询引擎对象，并创建了一个 Tool 组件。这里的 Tool 也是一个 QueryEngineTool。请注意，这里为每个城市信息构建了一个单独的向量索引，也就是说上述代码会生成三个 VectorStoreIndex 对象。当然，也可以选择为所有文档定义一个单一的向量索引，并把城市名称作为元数据来区分索引中的不同数据。

7.3.3 实现自定义 Agent

在 LlamaIndex 中，构建自定义 Agent 的方法有两种，一种是利用 FnAgentWorker 工具类，另一种则是继承 CustomSimpleAgentWorker 类。在本节中，我们将演示第一种方法，这种方法的实现过程比较简单，开发人员的主要工作是定义一个有状态的函数并将其嵌入到 FnAgentWorker 这个工具类中。

1. 初始化 FnAgentWorker

我们先来看看如何定义一个 FnAgentWorker 工具类，如代码清单 7-41 所示。

代码清单 7-41　定义 FnAgentWorker

```
from llama_index.llms.openai import OpenAI
from llama_index.core.agent import FnAgentWorker

llm = OpenAI(model="gpt-4o")
router_query_engine = RouterQueryEngine(
    selector=PydanticSingleSelector.from_defaults(llm=llm),
    query_engine_tools=[sql_tool] + vector_tools,
    verbose=True,
)

agent = FnAgentWorker(
    fn=retry_agent_fn,
    initial_state={
        "prompt_str": DEFAULT_PROMPT_STR,
        "llm": llm,
        "router_query_engine": router_query_engine,
        "current_reasoning": [],
        "verbose": True,
```

```
    },
).as_agent()
```

可以看到，FnAgentWorker 的定义过程包含两部分输入，一个叫作 retry_agent_fn 的自定义函数，以及一个初始化状态字典。我们来看这个状态字典，该字典包含了如下信息：

❑ 一个结构化的提示词，用于对用户输入的问题进行修正（后续会详细介绍）。

❑ 基于 OpenAI 构建的 LLM。

❑ 基于 SQL Tool 和 Vector Tool 所定义的 RouterQueryEngine。

❑ 刚开始空白的推理信息。

原则上，可以通过 initial_state 参数在初始化 FnAgentWorker 期间注入任何想要的变量。最后，我们通过 FnAgentWorker 的 as_agent 方法就可以获取一个自定义的 Agent 对象。

2. 实现 Agent 状态函数

显然，当我们使用 FnAgentWorker 工具类时，retry_agent_fn 函数的实现过程是重点。该函数本质上就是一个普通的 Python 函数，它的核心流程就是修改状态变量并执行一个步骤。retry_agent_fn 函数会返回一个包含状态信息的数据结构以及该 Agent 是否已完成执行的标志位，具体实现过程如代码清单 7-42 所示。

代码清单 7-42　实现 retry_agent_fn 函数

```
def retry_agent_fn(state: Dict[str, Any]) -> Tuple[Dict[str, Any], bool]:
    task, router_query_engine = state["__task__"], state["router_query_
        engine"]
    llm, prompt_str = state["llm"], state["prompt_str"]
    verbose = state.get("verbose", False)

    if "new_input" not in state:
        new_input = task.input
    else:
        new_input = state["new_input"]

    # 执行 RouterQueryEngine
    response = router_query_engine.query(new_input)

    # 添加到当前的推理过程中
    state["current_reasoning"].extend(
        [("user", new_input), ("assistant", str(response))]
    )

    # 获取提示词模板
    chat_prompt_tmpl = get_chat_prompt_template(
        prompt_str, state["current_reasoning"]
    )
```

```
llm_program = FunctionCallingProgram.from_defaults(
    output_cls=ResponseEval,
    prompt=chat_prompt_tmpl,
    llm=llm,
)
# 执行并获取结果
response_eval = llm_program(
    query_str=new_input, response_str=str(response)
)
if not response_eval.has_error:
    is_done = True
else:
    is_done = False
state["new_input"] = response_eval.new_question

if verbose:
    print(f"> Question: {new_input}")
    print(f"> Response: {response}")
    print(f"> Response eval: {response_eval.dict()}")

state["__output__"] = str(response)
return state, is_done
```

注意到这里的 state 变量保存着状态字典，我们可以从该变量中获取从 FnAgentWorker 传入的各种初始化参数。同时，我们可以从这个状态字典访问一个特殊的 __task__ 变量，这是 FnAgentWorker 在执行期间注入的，代表 Agent 在整个执行过程中维护的任务对象。而 Agent 的输出则由状态字典中的 __output__ 变量定义，我们需要确保该变量被正确赋值。

请注意，retry_agent_fn 的返回值中还包含一个 is_done 变量，用来指示整个 Agent 的执行过程是否完成。因为 retry_agent_fn 函数的一次执行就代表 Agent 完成了某一个步骤，而这个步骤是否是 Agent 的最后一个步骤，就需要通过 is_done 变量进行控制。如果 is_done 为 True，就代表该 Agent 的所有步骤都已经执行完成；反之，就需要执行 Agent 的下一个步骤。

那么，我们如何正确设置 is_done 的值呢？显然，需要根据当前的推理信息以及用户的输入来确认。那么当前的推理信息又是如何获取的呢？我们来看如代码清单 7-43 所示的推理信息管理方式。

代码清单 7-43　当前推理信息的管理方式

```
response = router_query_engine.query(new_input)

# 加到当前的推理过程
state["current_reasoning"].extend(
    [("user", new_input), ("assistant", str(response))]
)
```

显然，推理信息的组成结构既包含了用户的输入，也包含了来自 router_query_engine 的执行结果，也就是来自自定义 Tool 的响应。如代码清单 7-44 所示，这是推理信息的一个具体示例。

代码清单 7-44   当前推理信息示例

```
Ccurrent_reasoning: [
    ('user', 'Which countries are each city from?'),
    ('assistant', 'Toronto is in Canada, Tokyo is in Japan, and Berlin is in
        Germany.')
]
```

有了推理信息之后，我们需要根据这一推理信息构建一个提示词模板。这个提示词模板基于聊天历史对用户输入问题进行修正，其核心代码如代码清单 7-45 所示。

代码清单 7-45   基于推理信息构建提示词模板

```
def get_chat_prompt_template(
    system_prompt: str, current_reasoning: Tuple[str, str]
) -> ChatPromptTemplate:
    system_msg = ChatMessage(role=MessageRole.SYSTEM, content=system_prompt)
    messages = [system_msg]
    for raw_msg in current_reasoning:
        if raw_msg[0] == "user":
            messages.append(
                ChatMessage(role=MessageRole.USER, content=raw_msg[1])
            )
        else:
            messages.append(
                ChatMessage(role=MessageRole.ASSISTANT, content=raw_msg[1])
            )
    return ChatPromptTemplate(message_templates=messages)

chat_prompt_tmpl = get_chat_prompt_template(
    prompt_str, state["current_reasoning"]
)
```

其中，**get_chat_prompt_template** 方法将包含在 current_reasoning（表示当前推理）中的聊天历史转换为一个 ChatPromptTemplate 对象，其目的是适配 LLM 调用的输入参数。请注意，这里需要传入一个系统消息，从而指导 LLM 如何分析这些聊天历史，这个系统消息定义如代码清单 7-46 所示。

代码清单 7-46   基于推理信息的系统消息定义

```
DEFAULT_PROMPT_STR = """
Given previous question/response pairs, please determine if an error has
```

```
occurred in the response, and suggest a modified question that will not
trigger the error.

Examples of modified questions:
- The question itself is modified to elicit a non-erroneous response
- The question is augmented with context that will help the downstream system
    better answer the question.
- The question is augmented with examples of negative responses, or other
    negative questions.

An error means that either an exception has triggered, or the response is
    completely irrelevant to the question.

Please return the evaluation of the response in the following JSON format.
"""
```

我们发现这个系统消息的作用是引导 LLM 分析用户和 LLM 之间的聊天消息对，判断其内容是否符合 Agent 的执行标准，并对用户的原始提问进行修改，从而形成新的问题。

显然，通过上述系统消息，我们能够对推理信息进行综合的分析并据此最终决定 is_done 标志位的值，从而控制 Agent 的执行步骤和流程。这一分析结果是非常重要的，我们希望对它进行结构化处理。这时候就可以引入 LlamaIndex 中的一个非常实用的工具类，即 FunctionCallingProgram，该类的使用方法如代码清单 7-47 所示。

代码清单 7-47 FunctionCallingProgram 类使用方法

```
llm_program = FunctionCallingProgram.from_defaults(
    output_cls=ResponseEval,
    prompt=chat_prompt_tmpl,
    llm=llm,
)

response_eval = llm_program(
    query_str=new_input, response_str=str(response)
)
```

这里展示了使用 FunctionCallingProgram 工具类提取结构化数据的过程。我们在该类的输入参数中设置 output_cls 为 ResponseEval，用于指定响应结果的数据结构，该数据结构的定义如代码清单 7-48 所示。

代码清单 7-48 ResponseEval 数据结构的定义

```
class ResponseEval(BaseModel):
    """Evaluation of whether the response has an error."""

    has_error: bool = Field(
```

```
    ..., description="Whether the response has an error."
)
new_question: str = Field(..., description="The suggested new question.")
explanation: str = Field(
    ...,
    description=(
        "The explanation for the error as well as for the new question."
        "Can include the direct stack trace as well."
    ),
)
```

显然，ResponseEval 是一个典型的 Pydantic 模型对象，该对象是对 DEFAULT_PROMPT_STR 这一系统消息所指定的返回结果进行结构化处理之后的目标对象，包含了 3 个字段：用来指明是否存在问题的 has_error 字段，建议新问题的 new_question 字段，对存在问题进行解释的 explanation 字段。示例结果如代码清单 7-49 所示。

代码清单 7-49　ResponseEval 结果示例

```
ResponseEval: {
    'has_error': True,
    'new_question': '...',
    'explanation': "..."
}
```

想要得到这样的结果，可以选择直接指定这个 output_cls 参数，或者使用一个 OutputParser 对象，如 PydanticOutputParser 对象以及任何其他能够生成 Pydantic 模型对象的 BaseOutputParser。有了这个结果对象，那么 is_done 标志位就可以根据 has_error 字段来设置，可以参考如代码清单 7-42 所示的 retry_agent_fn 函数的完整代码来确认。

顾名思义，FunctionCallingProgram 使用了函数调用技术。因此，它只能与原生支持函数调用的 LLM 一起工作。它的工作原理是将 Pydantic 对象的结构插入到 Tool 的执行参数中，本质上也是利用 Tool 组件。业界原生支持函数调用的 LLM 包括 GPT、Claude 和 Mistral。而对于其他的 LLM，可以使用 LlamaIndex 的 LLMTextCompletionProgram，通过文本提示直接与模型进行交互以获得结构化输出。

7.3.4　测试和验证

现在，我们已经有一个自定义 Agent 了，让我们对它提问来验证其工作流程和执行效果。请注意，这个 Agent 中包含了 1 个 SQL Tool 和 3 个 Vector Tool，因此它们的背后就是 4 个 QueryEngine 对象。

现在，我们想要获取查询城市和国家之间的对应关系，那么可以输入如代码清单 7-50 所示的问题。

代码清单 7-50 "查询城市和国家之间的对应关系"的问题

```
response = agent.chat("Which countries are each city from?')
print(str(response))
```

从语义上分析，我们初步判断这个问题的答案只需要通过数据库中的数据就可以被推理出来，如代码清单 7-51 所示，其执行结果验证了我们的判断。

代码清单 7-51 "查询城市和国家之间的对应关系"的响应结果

```
Selecting query engine 0: The question requires translating a natural
    language query into a SQL query to find out the countries of each city,
    which aligns with the description of choice 1..
> Question: Which countries are each city from?
> Response: Toronto is in Canada, Tokyo is in Japan, and Berlin is in
    Germany.
> Response eval: {'has_error': True, 'new_question': 'Can you provide the
    countries for the following cities: Toronto, Tokyo, and Berlin?',
    'explanation': "The original question was too vague, as it did not
    specify which cities needed to be identified with their respective
    countries. The response assumed a set of cities, which may not align
    with the user's intent. By specifying the cities in the question, the
    response can be more accurate and relevant."}
Selecting query engine 0: The question requires translating a natural language
    query into a SQL query to retrieve the countries for the cities Toronto,
    Tokyo, and Berlin from a table containing city statistics, including
    population and country information..
> Question: Can you provide the countries for the following cities: Toronto,
    Tokyo, and Berlin?
> Response: ...
> Response eval: {'has_error': False, 'new_question': 'Can you provide
    the countries for the following cities: Toronto, Tokyo, and Berlin?',
    'explanation': 'The response correctly identifies the countries for the
    cities Toronto, Tokyo, and Berlin. No error is present in the response.'}
Certainly! Here are the countries for the specified cities:

- Toronto is in Canada.
- Tokyo is in Japan.
- Berlin is in Germany.
```

可以看到，这里调用了 SQL Tool 背后的 QueryEngine，这个 Tool 会把用户输入的自然语言转换为 SQL 语句来执行。但是我们从结果中发现 Agent 认为用户的"Which countries are each city from?"这一原始问题"过于模糊，因为它没有指明需要识别哪些城市及其对应的国家"。所以，Agent 将原始问题修正为"Can you provide the countries for the following cities: Toronto, Tokyo, and Berlin?"并因此触发了新的一个步骤，从而获取最终的结果。从上述日志中，我们可以清晰看到这个 Agent 底层的执行过程和阶段性结果。

接下来，我们希望查询加拿大这个国家有哪些城市以及城市居民主要采用哪些交通方式，对应的问题如代码清单 7-52 所示。

代码清单 7-52 "加拿大这个国家有哪些城市以及城市居民主要采用哪些交通方式"的问题

```
response = agent.chat(
    "What is the city in Canada, and what are the top modes of transport for that
        city?"
)
```

这一问题的响应结果如代码清单 7-53 所示。

代码清单 7-53 "加拿大这个国家有哪些城市以及城市居民主要采用哪些交通方式"的响应结果

```
Selecting query engine 1: The question asks about a city in Canada, and
    Toronto is a well-known city in Canada. Therefore, choice (2) is most
    relevant for answering semantic questions about Toronto, including its
    top modes of transport..
> Question: What is the city in Canada, and what are the top modes of
    transport for that city?
> Response: The city in Canada is Toronto. The top modes of transport for
    Toronto include the Toronto subway system, buses, streetcars, and an
    extensive network of bicycle lanes and multi-use trails and paths.
> Response eval: {'has_error': True, 'new_question': 'What is a major city
    in Canada, and what are the top modes of transport for that city?',
    'explanation': "The original question is ambiguous as it asks for 'the
    city in Canada' without specifying which city. The response assumes
    Toronto, but Canada has multiple major cities. The modified question
    clarifies the intent by asking for a major city, allowing for a more
    accurate response."}
Selecting query engine 1: The question asks about a major city in Canada and
    its modes of transport. Toronto is a major city in Canada, and choice (2)
    is specifically useful for answering semantic questions about Toronto..
> Question: What is a major city in Canada, and what are the top modes of
    transport for that city?
> Response: ...
> Response eval: {'has_error': False, 'new_question': 'What is a major city
    in Canada, and what are the top modes of transport for that city?',
    'explanation': "The original question was slightly ambiguous, asking for
    'the city in Canada,' which could imply any city. The response correctly
    identified Toronto as a major city and provided relevant information about
    its transportation modes. The modified question clarifies the intent by
    asking for 'a major city,' which aligns with the response provided."}
A major city in Canada is Toronto. The top modes of transport for Toronto
    include the Toronto subway system, which consists of three heavy-rail
    rapid transit lines, an extensive network of buses and streetcars operated
    by the Toronto Transit Commission (TTC), and an intercity transportation
```

system provided by GO Transit. Additionally, Toronto is served by two
airports: Toronto Pearson International Airport and Billy Bishop Toronto
City Airport.

可以看到，针对这一提问，Agent 会调用一个 Vector Tool 来从向量中获取目标数据。与前面一个示例类似，这里也经历了两轮的推理才获取了合理的结果，不妨自己做一些尝试。

7.4　本章小结

本章深入探讨了定制化 Agent 的构建过程，重点介绍了 Agent 的运行机制和基于 LlamaIndex 框架的应用。Agent 能够自我对话并执行任务，通过 Tool 与外部世界进行交互。本章详细阐述了推理循环的执行过程，它是 Agent 智能决策的核心。同时，本章介绍了 Tool 的设计和实现过程，以及 LlamaIndex 提供的 OpenAIAgent 和 ReActAgent 这两种内置 Agent 组件。最后，结合具体的业务场景，实现一个能够处理结构化和非结构化数据查询的自定义 Agent，展示了 Agent 技术在实际应用中的灵活性和强大功能。

第 8 章

混合 Agent 架构设计实战

在当前大语言模型领域中，单一的 LLM 虽然展现出了强大的推理能力，但也存在一定的局限性。与此同时，我们观察到不同的 LLM 具有各自独特的优势和专长。例如，某些模型擅长执行复杂指令，而另一些模型则更适合代码生成。这种 LLM 技能组合的多样性引发了一个有趣的问题：我们能否集合多个 LLM 的专业知识来创建一个更强大、更稳健的模型呢？

为了回答这个问题，研究人员提出了一种新颖的设计方法，称为 MoA（Mixture-of-Agents，混合智能体）架构。这种方法旨在利用多个 LLM 的集体优势，提高自然语言理解和生成任务的性能。在本章中，我们将深入讨论 MoA 的组成部分，并尝试使用主流的 LLM 集成性开发框架来实现这一架构。

8.1 MoA 架构解析

MoA 是一种新颖的架构设计方法，它利用多个 LLM 的集体优势来提高性能，从而获取更为合理的处理结果。MoA 架构的基本组成部分如图 8-1 所示。

从图 8-1 不难看出，MoA 是一个多层架构，它由多个层组成，每层包含多个 LLM Agent。每一层的 LLM 针对给定提示词独立生成响应结果，并将这些响应结果呈现给下一层的 Agent 进行进一步的细化。请注意，在协作过程中，Agent 可以分为两种不同的角色：

❑ **提议者**（Proposer）：擅长生成可供其他模型使用的参考响应结果。
❑ **聚合者**（Aggregator）：擅长将来自其他模型的响应结果综合处理成单一的高质量输出。

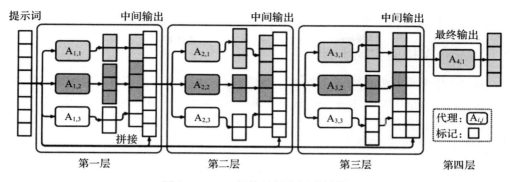

图 8-1　MoA 架构的基本组成部分

图 8-2 展示了一个更为具象化的 MoA 架构，一共包含三层 Agent，其中第一层和第二层分别使用了 Mistral AI 的 OpenMixtral、Anthropic 的 Claude 以及阿里巴巴的 Qwen 来实现各种 Agent 的业务逻辑，而第三层则进一步将 OpenMixtral 设计成一个聚合 Agent，从而完成了整个工作流。

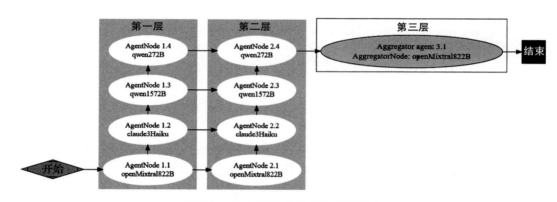

图 8-2　MoA 架构的具象化表现形式

研究还发现，在 MoA 架构中，某些模型在充当特定角色时表现尤为出色。例如：GPT-4o、Qwen 和 LLaMA-3 表现为多功能模型，在提议和聚合任务中都表现良好；而某些模型（如 WizardLM）作为提议者表现出色，但在聚合任务中表现不佳。

在本章中，我们将分别基于 LangChain4j 和 LangChain 这两款主流的 LLM 开发框架来演示多层 MoA 架构的构建过程和结果。

8.2　基于 LangChain4j 实现 MoA 架构

本节将引入 LangChain4j 框架来实现 MoA 架构。实际上我们在第 4 章介绍的 LangChain4j Workflow 工作流组件非常适合构建 MoA 架构。在接下来的内容中，我们将给出 MoA 架构的实现步骤，并完成该架构与工作流之间的整合。

8.2.1 MoA 架构的实现步骤

从图 8-1 中不难看出，MoA 架构本质上相当于一个分层的工作流。基于这一特点，我们将引入 LangChain4j Workflow 工作流组件来设计 MoA 架构的实现步骤。而数据需要在各层的 Agent 之间进行传递，显然是有状态的。因此，我们需要定义一个用于保存状态的业务对象，如代码清单 8-1 所示。

代码清单 8-1　状态业务对象定义

```
@Data
public class MoaStatefulBean {
    private String question;
    private Integer currentLayer;
    private List<String> references;
    private String generation;
    private List<String> generatedStream;

    public String getGeneration() {
        if (!isNullOrEmpty(generatedStream) && generation == null) {
            generation = generatedStream.stream().collect(Collectors.joining());
        }
        return generation;
    }
    ...
}
```

可以看到，在 MoaStatefulBean 中定义了用户的问题以及响应结果，其中响应结果支持同步和流式两种形式。同时，这里也定义了当前该数据所处的 MoA 层级。

与第 4 章介绍的 CRAG 实现过程类似，针对 MoaStatefulBean，下一步动作是定义一系列 Function 来充当工作流的每一个步骤。想要实现这一目标，就要先从创建两种不同类型的 Agent 开始。

1. 实现 ProposerAgent

为了实现 ProposerAgent，首先需要设计一个专门用于这类 Agent 的聊天模型，我们将它命名为 AgentChatLanguageModel，如代码清单 8-2 所示。

代码清单 8-2　AgentChatLanguageModel 定义

```
public class AgentChatLanguageModel {
    private final String name;
    private final ChatLanguageModel model;

    private AgentChatLanguageModel(String name, ChatLanguageModel model) {
```

```
        this.name = ensureNotNull(name, "name");
        this.model = ensureNotNull(model, "model");
    }

    public String name() {
        return name;
    }

    public ChatLanguageModel model() {
        return model;
    }

    public static AgentChatLanguageModel from(String name, ChatLanguageModel llm) {
        return new AgentChatLanguageModel(name, llm);
    }
}
```

可以看到 AgentChatLanguageModel 只是对 LangChain4j 中 ChatLanguageModel 的简单封装，用来为 Agent 指定一个名称。

接下来，我们来看 ProposerAgent 中的处理逻辑，其实现过程如代码清单 8-3 所示。

代码清单 8-3　ProposerAgent 的处理逻辑

```
private final Map<ChatLanguageModel, AiMessage> chatLanguageModelResponses =
    new HashMap<>();

public MoaStatefulBean proposerAgent(MoaStatefulBean state,  AgentChatLanguageModel
    agentChatLanguageModel, Integer layer){
    log.info("---PROPOSER AGENT: Layer (" + layer + "), AgentModel: " +
        agentChatLanguageModel.name() + "---");
    log.debug("--- Input: " + state.toString());
    List<ChatMessage> messages = new ArrayList<>();
    messages.add(new UserMessage(state.getQuestion()));

    log.debug("--- Layer (" + layer + "), ChatLanguageModelResponses: " +
        chatLanguageModelResponses.toString());
    ChatLanguageModel chatLanguageModel = agentChatLanguageModel.model();
    if (chatLanguageModelResponses.containsKey(chatLanguageModel)) {
        // 针对本次请求，整合该 Agent 上一次从 LLM 获取的响应消息，并注入到本次 LLM 交互
        // 过程中
        messages = injectReferencesAsSystemMessage(messages, chatLanguageModel-
            Responses.get(chatLanguageModel).text());
    }

    AiMessage output = chatLanguageModel.generate(messages).content();
    log.info("--- Proposer Response: " + output.toString());
    // 覆盖上一次聊天消息
```

```
chatLanguageModelResponses.put(chatLanguageModel, output);
state.setCurrentLayer(layer);
return state;
}
```

上述代码结构并不复杂，我们从 MoaStatefulBean 中获取了用户输入并构建了对应的 ChatMessage 对象。这里唯一要注意的是 injectReferencesAsSystemMessage 方法，该方法针对本次请求，从 chatLanguageModelResponses 这个 Map 对象中获取该 Agent 上一次从 LLM 获取的响应消息，并注入到本次 LLM 交互过程中，具体实现过程如代码清单 8-4 所示。

代码清单 8-4　injectReferencesAsSystemMessage 方法实现

```
private List<ChatMessage> injectReferencesAsSystemMessage(List<ChatMessage>
    messages, List<String> references) {
    List<ChatMessage> injectedMessages = new ArrayList<>();
    AggregateSynthesizePrompt synthesizePrompt = new AggregateSynthesizeP
        rompt(references);
    Prompt systemPrompt = StructuredPromptProcessor.toPrompt(synthesizePrompt);

    for (ChatMessage message : messages) {
        if (message instanceof SystemMessage) {
            String systemMessageContent = ((SystemMessage) message).
                text();
            SystemMessage systemMessage = new SystemMessage(systemMessage
                Content + "\n\n" + systemPrompt.text());
            injectedMessages.add(systemMessage);
            break;
        } else {
            injectedMessages.add(0, systemPrompt.toSystemMessage());
            injectedMessages.add(message);
        }
    }
    log.debug("  --- Injected References: " + injectedMessages.
        toString());
    return injectedMessages;
}
```

injectReferencesAsSystemMessage 方法的核心作用是对用户的输入进行整合，从而构建更合理的消息内容。这里同样用到了在构建 CRAG 时所频繁采用的结构化提示词技术。我们通过 AggregateSynthesizePrompt 来获取目标 Prompt 对象，它的实现过程如代码清单 8-5 所示。

代码清单 8-5　AggregateSynthesizePrompt 类定义

```
@StructuredPrompt({
    "你已经收到了来自各种开源模型对最新用户查询的一系列回应。\n",
```

```
        "你的任务是将这些回应整合成单一的、高质量的回应。至关重要的是要批判性地评估这些回应
            中提供的信息，认识到其中一些信息可能是有偏见或不正确的。\n",
        "你的回应不应该简单地复制给出的答案，而应该提供一个精炼、准确和全面的回复来指导指令。
            确保你的回应结构良好、连贯，并遵循最高标准的准确性和可靠性。\n",
        "模型回应：\n",
        "{{modelResponses}}"
})
public class AggregateSynthesizePrompt {
    private List<String> modelResponses;

    public AggregateSynthesizePrompt(List<String> modelResponses) {
        this.modelResponses = modelResponses;
    }

    public List<String> getModelResponses() {
        return IntStream.range(0, modelResponses.size())
                .mapToObj(i -> (i + 1) + ". " + modelResponses.get(i))
                .collect(toList());
    }
}
```

这里出现了熟悉的 @StructuredPrompt 注解，我们通过 StructuredPromptProcessor 工具类将其转化为一个 Prompt，再以 SystemMessage 的形式把它输入到 ChatLanguageModel 中。ChatLanguageModel 获取的响应结果则会覆盖掉该 ProposerAgent 的上一次聊天结果。

请注意，ProposerAgent 只是表明了自身在 MoA 架构中所处的层次，本身并不会更新 MoaStatefulBean 状态对象中的最终响应结果。最终响应结果来自接下来要介绍的 AggregatorAgent。

2. 实现 AggregatorAgent

与 ProposerAgent 的实现过程类似，想要构建 AggregatorAgent，首先需要定义如代码清单 8-6 所示的 AggregatorChatLanguageModel。

代码清单 8-6　AggregatorChatLanguageModel 定义

```
public class AggregatorChatLanguageModel {
    private final String name;
    private final ChatLanguageModel model;

    private AggregatorChatLanguageModel(String name, ChatLanguageModel
        model) {
        this.name = ensureNotNull(name,"name");
        this.model = ensureNotNull(model,"model");
    }

    public String name() {
```

```
        return name;
    }

    public ChatLanguageModel model() {
        return model;
    }

    public static AggregatorChatLanguageModel from(String name,
        ChatLanguageModel llm) {
        return new AggregatorChatLanguageModel(name, llm);
    }
}
```

AggregatorAgent 的处理逻辑也并不复杂，其实现过程如代码清单 8-7 所示。

代码清单 8-7 AggregatorAgent 的处理逻辑

```
public MoaStatefulBean aggregatorAgent(MoaStatefulBean state,
    AggregatorChatLanguageModel chatLanguageModel) {
        log.info("---AGGREGATE MODEL: " + chatLanguageModel.getClass().
            getName() + "---");
        state.setReferences(getReferences());
        log.debug("--- Input: " + state.toString());

        List<ChatMessage> messages = new ArrayList<>();
        messages.add(new UserMessage(state.getQuestion()));
        if (!state.getReferences().isEmpty())
            messages = injectReferencesAsSystemMessage(messages, state.
                getReferences());

        AiMessage finalAnswer = chatLanguageModel.model().generate(messages).
            content();
        state.setGeneration(finalAnswer.text());
        log.debug("--- Output: " + state.toString());
        return state;
    }
```

可以看到，这里同样通过 injectReferencesAsSystemMessage 方法注入了 SystemMessage。基于这些聊天消息调用 ChatLanguageModel 获取响应，并更新 MoaStatefulBean 中的最终结果。

8.2.2 构建 MoA 工作流

现在，我们已经构建了 ProposerAgent 和 AggregatorAgent，按照 LangChain4j Workflow 的开发规范，我们需要把它们放在一个 MoaNodeFunctions 工具类中。有了这个工具类，我们接下来就可以利用这两种 Agent 构建 MoA 工作流。

从构建工作流中的节点开始讲起。代码清单 8-8 展示了如何创建一个 ProposerAgent 节点。

代码清单 8-8　ProposerAgent 节点的创建方法

```
private Node<MoaStatefulBean, MoaStatefulBean> createAgentNode(int iLayer, int
    iLlm, AgentChatLanguageModel refLlm, MoaNodeFunctions moaNodeFunctions) {
        Function<MoaStatefulBean, MoaStatefulBean> proposerAgent = obj ->
            moaNodeFunctions.proposerAgent(obj, refLlm, iLayer);
        return Node.from("AgentNode " + iLayer + "." + iLlm + ": " + refLlm.
            name(), proposerAgent);
}
```

可以看到，ProposerAgent 节点的创建过程非常简单。我们借助 MoaNodeFunctions 的 proposerAgent 方法来创建一个 Node 对象。与之类似，AggregatorAgent 节点的创建过程如代码清单 8-9 所示。

代码清单 8-9　创建 AggregatorAgent 节点

```
private Node<MoaStatefulBean, MoaStatefulBean> createAggregatorNode(MoaNodeFu
    nctions moaNodeFunctions) {
        Function<MoaStatefulBean, MoaStatefulBean> aggregator = obj ->
            moaNodeFunctions.aggregatorAgent(obj, generateLlm.get());
        return Node.from("AggregatorNode: " + generateLlm.get().name(),
            aggregator);
}
```

接下来，基于这些已经创建的 Agent 节点来构建 MoA 工作流，实现方式如代码清单 8-10 所示。

代码清单 8-10　构建 MoA 工作流

```
private Map<Integer, List<Node<MoaStatefulBean,MoaStatefulBean>>> layers;

private DefaultStateWorkflow<MoaStatefulBean> moaWorkflow (MoaStatefulBean
    statefulBean){
        log.info("=== Generating MOA architecture.. ===");
        layers = new ConcurrentHashMap<>();
        MoaNodeFunctions moaNodeFunctions = new MoaNodeFunctions();
        // 为每一层的 Agent 创建节点
        IntStream.rangeClosed(1, numberOfLayers).forEach(iLayer -> {
            List<Node<MoaStatefulBean, MoaStatefulBean>> nodes = IntStream.
                rangeClosed(1, refLlms.size())
                    .mapToObj(iLlm -> createAgentNode(iLayer, iLlm, refLlms.
                        get(iLlm - 1), moaNodeFunctions))
                    .collect(toList());
            log.debug("  === Created Layer: [" + iLayer + "], Nodes added
                [" + nodes.size() + "] ===");
            layers.putIfAbsent(iLayer, nodes);
        });
```

```
// 创建聚合节点
Node<MoaStatefulBean, MoaStatefulBean> aggregatorNode = createAggrega
    torNode(moaNodeFunctions);
log.debug("  === Created Aggregator Node ===");

// 构建工作流
DefaultStateWorkflow<MoaStatefulBean> wf = buildWorkflow(statefulBean,
    aggregatorNode);

log.info("=== MOA architecture generated ===");
log.info("  === Layers: [" + layers.size() + "], Agents: [" + layers.
    values().stream().mapToInt(List::size).sum() + "] ===");
log.info("  === Agent Aggregator: [" + aggregatorNode.getName() + "]
    ===");
log.info("Parsing MOA architecture to workflow...");
return wf;
    }
```

这里我们通过 layers 这个 Map 对象保存了 ProposerAgent 以及所属层级的映射关系。而 AggregatorAgent 只有一个，所以我们直接构建即可。

现在，我们已经具备了用来构建多层 MoA 架构的 Node 数据，下一步可以通过如代码清单 8-11 所示的 buildWorkflow 方法来构建工作流。

代码清单 8-11   基于 buildWorkflow 方法构建工作流

```
private DefaultStateWorkflow<MoaStatefulBean> buildWorkflow(MoaStatefulBean
    statefulBean, Node<MoaStatefulBean, MoaStatefulBean> aggregatorNode) {
    DefaultStateWorkflow<MoaStatefulBean> wf = DefaultStateWorkflow.
        <MoaStatefulBean>builder()
        .statefulBean(statefulBean)
        .addNodes(layers.values().stream().flatMap(List::stream).
            collect(toList()))
        .addNode(aggregatorNode)
        .build();

    // 定义边和节点
    for (int iLayer = 1; iLayer <= layers.size(); iLayer++) {
        List<Node<MoaStatefulBean, MoaStatefulBean>> nodes = layers.
            get(iLayer);
        for (int iNode = 0; iNode < nodes.size(); iNode++) {
            Node<MoaStatefulBean, MoaStatefulBean> currentNode = nodes.
                get(iNode);
            Node<MoaStatefulBean, MoaStatefulBean> nextNode =
                getNextNode(iLayer, iNode, nodes, aggregatorNode);
            wf.putEdge(currentNode, nextNode);
```

```
            }
        }
        wf.putEdge(aggregatorNode, WorkflowStateName.END);

        // 设置启动节点
        wf.startNode(layers.get(1).get(0));

        return wf;
    }
```

在这里，我们通过 LangChain4j Workflow 提供的一组工具方法定义了边和节点，并设置第一层的第一个 ProposerAgent 作为整个工作流的启动节点。代码清单 8-12 展示了工作流的执行过程，这些代码我们应该已经比较熟悉了，这里不再展开介绍。

代码清单 8-12　工作流执行过程

```
private MoaStatefulBean processQuestion(UserMessage question) {
    MoaStatefulBean statefulBean = new MoaStatefulBean();
    statefulBean.setQuestion(question.singleText());

    // 构建 MoA 工作流
    DefaultStateWorkflow<MoaStatefulBean> wf = moaWorkflow(statefulBean);

    // 执行工作流
    wf.run();

    // 生成工作流图
    try {
        generateWorkflowImage(wf);
    } catch (Exception e) {
        log.warn("Error generating workflow image", e);
    }

    return statefulBean;
}
```

最后，作为 MoA 架构暴露给用户的交互入口。我们一般会定义一个独立的接口，并在该接口的实现类中调用上面的 processQuestion 方法，如代码清单 8-13 所示。

代码清单 8-13　MoA 架构的独立接口定义

```
public interface MixtureOfAgents {

    default String answer(String question){
        ensureNotNull(question, "question");
        return answer(new UserMessage(question)).text();
    }
```

```
    AiMessage answer(UserMessage question);
}

public class DefaultMixtureOfAgents implements MixtureOfAgents {

    @Override
    public AiMessage answer(UserMessage question) {
        MoaStatefulBean statefulBean = processQuestion(question);
        return AiMessage.from(statefulBean.getGeneration());
    }
}
```

可以看到，面向用户交互的响应结果是一个标准的 AiMessage 聊天消息对象，意味着我们可以像普通聊天模型一样使用 MoA 架构。

为了验证 MoA 架构，我们需要创建一组基于不同 LLM 的聊天模型。这里我们以 MistralAiChatModel 和 QwenChatModel 为例构建两种 AgentChatLanguageModel，从而实现一组 ProposerAgent。然后，我们采用 MistralAiChatModel 来构建一个 AggregatorAgent，如代码清单 8-14 所示。

代码清单 8-14　测试 MoA 架构

```
String MISTRAL_API_KEY = "...";
String DASHSCOPE_API_KEY = "...";

ChatLanguageModel openMixtral822B = MistralAiChatModel.builder()
    .apiKey(MISTRAL_API_KEY)
    .modelName(MistralAiChatModelName.OPEN_MIXTRAL_8X22B)
    .temperature(0.7)
    .build();

ChatLanguageModel openMixtral87B = MistralAiChatModel.builder()
    .apiKey(MISTRAL_API_KEY)
    .modelName(MistralAiChatModelName.OPEN_MIXTRAL_8x7B)
    .temperature(0.7)
    .build();

ChatLanguageModel qwen1572B = QwenChatModel.builder()
    .apiKey(DASHSCOPE_API_KEY)
    .modelName(QwenModelName.QWEN1_5_72B_CHAT)
    .build();

ChatLanguageModel qwen272B = QwenChatModel.builder()
    .apiKey(DASHSCOPE_API_KEY)
    .modelName(QwenModelName.QWEN2_72B_INSTRUCT)
```

```
        .build();

List<AgentChatLanguageModel> refLlms = Arrays.asList(
    AgentChatLanguageModel.from("openMixtral822B", openMixtral822B),
    AgentChatLanguageModel.from("openMixtral87B", openMixtral87B),
    AgentChatLanguageModel.from("qwen1572B", qwen1572B),
    AgentChatLanguageModel.from("qwen272B", qwen272B)
);

// 定义混合 Agent 结构
MixtureOfAgents moa = DefaultMixtureOfAgents.builder()
    .refLlms(refLlms)
    .numberOfLayers(2)
        .generateLlm(AggregatorChatLanguageModel.from("openMixtral822B",openMixtral822B))
        .workflowImageOutputPath(Paths.get("images/moa-wf-4.svg"))
        .build();
```

可以看到，我们基于多个聊天模型创建了 MixtureOfAgents 实例，并设置它的层数为 2。现在，我们使用如代码清单 8-15 所示的方法来触发对 MixtureOfAgents 的调用。

代码清单 8-15　调用 MixtureOfAgents

```
String question = " 在杭州最值得做的事情？ ";
String answer = moa.answer(question);
```

上述代码的执行结果如代码清单 8-16 所示。

代码清单 8-16　MixtureOfAgents 执行日志

```
[main] com.tianyalan.internal.DefaultMixtureOfAgents.moaWorkflow()
INFO: === Generating MOA architecture.. ===
[main] com.tianyalan.internal.DefaultMixtureOfAgents.lambda$moaWorkflow$2()
DEBUG:   === Created Layer: [1], Nodes added [4] ===
[main] com.tianyalan.internal.DefaultMixtureOfAgents.lambda$moaWorkflow$2()
DEBUG:   === Created Layer: [2], Nodes added [4] ===
[main] com.tianyalan.internal.DefaultMixtureOfAgents.moaWorkflow()
DEBUG:   === Created Aggregator Node ===
[main] com.tianyalan.internal.DefaultMixtureOfAgents.moaWorkflow()
INFO: === MOA architecture generated ===
[main] com.tianyalan.internal.DefaultMixtureOfAgents.moaWorkflow()
INFO:   === Layers: [2], Agents: [8] ===
[main] com.tianyalan.internal.DefaultMixtureOfAgents.moaWorkflow()
INFO:   === Agent Aggregator: [AggregatorNode: openMixtral822B] ===
[main] com.tianyalan.internal.DefaultMixtureOfAgents.moaWorkflow()
INFO: Parsing MOA architecture to workflow...
[main] com.tianyalan.internal.DefaultMixtureOfAgents.processQuestion()
INFO: Running workflow in normal mode...
```

```
[main] dev.langchain4j.workflow.DefaultStateWorkflow.runNode()
DEBUG: STARTING workflow in normally mode..
[main] com.tianyalan.workflow.MoaNodeFunctions.proposerAgent()
INFO: ---PROPOSER AGENT: Layer (1), AgentModel: openMixtral822B---
[main] com.tianyalan.workflow.MoaNodeFunctions.proposerAgent()
DEBUG: --- Input: MoaStatefulBean{question='在杭州最值得做的事情有哪些？',
    currentN=null, references=null, generation='null'}
[main] com.tianyalan.workflow.MoaNodeFunctions.proposerAgent()
DEBUG: --- Layer (1), ChatLanguageModelResponses: {}
[main] com.tianyalan.workflow.MoaNodeFunctions.proposerAgent()
INFO: --- Proposer Response: AiMessage { text = "在杭州，您可以做很多值得做的事情，
    以下是几个建议：
...
DEBUG: --- Layer (1), ChatLanguageModelResponses: {dev.langchain4j.model.
    mistralai.MistralAiChatModel@ec2bf82=AiMessage { text = "杭州是中国知名的历
    史文化名城，也是旅游和商务交流的热门目的地。在杭州，你可以做以下事情：
...
[main] com.tianyalan.workflow.MoaNodeFunctions.proposerAgent()
INFO: ---PROPOSER AGENT: Layer (1), AgentModel: qwen272B---
[main] com.tianyalan.workflow.MoaNodeFunctions.proposerAgent()
DEBUG: --- Input: MoaStatefulBean{question='在杭州最值得做的事情有哪些？',
    currentN=1, references=null, generation='null'}
[main] com.tianyalan.workflow.MoaNodeFunctions.proposerAgent()
DEBUG: --- Layer (1), ChatLanguageModelResponses: {dev.langchain4j.model.
    mistralai.MistralAiChatModel@ec2bf82=AiMessage { text = "杭州是中国知名的历
    史文化名城，也是旅游和商务交流的热门目的地。在杭州，你可以做以下事情：
...
[main] com.tianyalan.workflow.MoaNodeFunctions.proposerAgent()
DEBUG: --- Layer (2), ChatLanguageModelResponses: {dev.langchain4j.model.
    mistralai.MistralAiChatModel@ec2bf82=AiMessage { text = "杭州是中国知名的历
    史文化名城，也是旅游和商务交流的热门目的地。在杭州，你可以做以下事情：
...
[main] com.tianyalan.workflow.MoaNodeFunctions.proposerAgent()
DEBUG: --- Layer (2), ChatLanguageModelResponses: {dev.langchain4j.model.
    mistralai.MistralAiChatModel@ec2bf82=AiMessage { text = "杭州是中国知名的历
    史文化名城，也是旅游和商务交流的热门目的地。在杭州，你可以做以下事情：
...
[main] com.tianyalan.workflow.MoaNodeFunctions.injectReferencesAsSystemMes
    sage()
DEBUG:   --- Injected References: [SystemMessage { text = "你已经收到了来自各种开
    源模型对最新用户查询的一系列回应。
...
[main] com.tianyalan.workflow.MoaNodeFunctions.proposerAgent()
DEBUG: --- Layer (2), ChatLanguageModelResponses: {dev.langchain4j.model.
    mistralai.MistralAiChatModel@ec2bf82=AiMessage { text = "杭州是中国历史文化
    名城，也是旅游和商务交流的热门目的地。
...
```

```
[main] com.tianyalan.workflow.MoaNodeFunctions.aggregatorAgent()
DEBUG: --- Output: MoaStatefulBean{question='在杭州最值得做的事情有哪些？ ',
    currentN=2, references=[杭州是中国历史文化名城，也是旅游和商务交流的热门目的地。在
    杭州，...'}
[main] dev.langchain4j.workflow.DefaultStateWorkflow.runNode()
DEBUG: Reached END state
[main] com.tianyalan.internal.DefaultMixtureOfAgents.processQuestion()
DEBUG: Transitions:
START -> AgentNode 1.1: openMixtral822B -> AgentNode 1.2: openMixtral87B
    -> AgentNode 1.3: qwen1572B -> AgentNode 1.4: qwen272B -> AgentNode
    2.1: openMixtral822B -> AgentNode 2.2: openMixtral87B -> AgentNode 2.3:
    qwen1572B -> AgentNode 2.4: qwen272B -> AggregatorNode: openMixtral822B
    -> END
...
 start -> Agentnode11Openmixtral822b;
 Agentnode11Openmixtral822b -> Agentnode12Openmixtral87b;
 Agentnode12Openmixtral87b -> Agentnode13Qwen1572b;
 Agentnode13Qwen1572b -> Agentnode14Qwen272b;
 Agentnode14Qwen272b -> Agentnode21Openmixtral822b;
 Agentnode21Openmixtral822b -> Agentnode22Openmixtral87b;
 Agentnode22Openmixtral87b -> Agentnode23Qwen1572b;
 Agentnode23Qwen1572b -> Agentnode24Qwen272b;
 Agentnode24Qwen272b -> AggregatornodeOpenmixtral822b;
 AggregatornodeOpenmixtral822b -> end;
...
[main] dev.langchain4j.workflow.graph.graphviz.GraphvizImageGenerator.
    generateImage()
DEBUG: Saving workflow image..
```

实际上这段日志非常长，为了显示方便，我们对原始日志做了裁剪，重点呈现 MoA 架构的构建过程，以及 ProposerAgent 和 AggregatorAgent 的相关运行过程。从日志中，我们可以清晰看到不同层级的 ProposerAgent 的处理过程，以及 AggregatorAgent 的响应聚合结果。对此，可以使用不同的问题进行测试。

8.3 基于 LangChain 实现 MoA 架构

在本节中，我们将引入 LangChain 框架来实现 MoA 架构，采用与 8.2 节案例不同的设计过程和技术组件。我们将基于一组 PDF 文档来构建一个问答系统，并通过多个 Agent 之间的多层交互来获取检索结果。这是一个典型的 RAG 应用，但整合了 MoA 架构。

8.3.1 文档嵌入和检索

现在，假设我们有一组 PDF 文件。为了实现 MoA 架构，我们要做的事情是把它们

转换为嵌入数据并保存在向量数据库中。这个过程我们已经很熟悉了，前面内容已经对 LangChain4j 和 LlamaIndex 框架分别做了演示。在本节中，我们将使用 LangChain 框架来实现这一目标。

在 LangChain 中，Document 类用于表示文本文档的基本数据结构。这个类通常用于存储文本数据及其元数据，为后续的处理、分析、索引和检索提供统一的接口。如代码清单 8-17 所示，这是一个 Document 类的基本示例。

代码清单 8-17　LangChain 中 Document 类的基本示例

```
doc = Document(
    page_content="Machine learning is a method of data analysis that automates
        analytical model building.",
    metadata={"title": "Introduction to Machine Learning", "author": "John
        Doe", "date": "2024-06-06"}
)
```

可以看到，LangChain 中的 Document 类的核心属性是 page_content，用于存储文档的实际文本内容，包括任意形式的文本，如段落、文章、章节等。除了文本内容，Document 类还可以存储与文本相关的元数据，包括文档的标题、作者、发布时间、标签等，它们都存储在 metadata 这个字典属性中。

对于 RAG 应用而言，文档嵌入（或称文档向量化）的方法是比较通用的。在 LangChain 中，我们可以采用如代码清单 8-18 所示的开发步骤。

代码清单 8-18　文档嵌入的开发步骤

```
def main():
    # 加载文档
    documents = load_documents()
    # 分割文档
    chunks = split_documents(documents)
    # 保存到向量数据库
    add_to_chroma(chunks)
```

针对上述代码中的第一步"加载文档"，我们可以引入 LangChain 框架中的文件加载器组件来处理 PDF 文档。

1. 文档加载和分割

如果我们要处理的是单个 PDF 文档，那么可以采用如代码清单 8-19 所示的实现方式。

代码清单 8-19　基于 PyPDFLoader 加载 PDF 文档

```
from langchain_community.document_loaders import PyPDFLoader

loader = PyPDFLoader("./pdf/test.pdf")
```

```
pages = loader.load_and_split()
print(pages)
```

可以看到，这里我们使用了 LangChain 中的 **PyPDFLoader** 组件来加载单个 PDF 文档。从命名上不难看出，**PyPDFLoader** 底层是使用了 **PyPDF** 这个专门用来处理 PDF 文件的 Python 库。

而如果想要处理位于一个文件目录下的所有 PDF 文件，那么可以使用另一个 PDF 文档加载器 **PyPDFDirectoryLoader**，其使用方式如代码清单 8-20 所示。

代码清单 8-20　基于 PyPDFDirectoryLoader 加载 PDF 文档

```
from langchain_community.document_loaders import PyPDFDirectoryLoader

# 加载目录中的所有 PDF 文档
loader = PyPDFDirectoryLoader("pdf/")
docs = loader.load()
print(docs)
```

在案例中，我们也基于该组件来实现对 PDF 文档的批量加载。为此，我们定义了如代码清单 8-21 所示的工具方法。

代码清单 8-21　批量加载 PDF 文档的工具方法

```
def load_documents():
        document_loader = PyPDFDirectoryLoader(DATA_PATH)
        docs = document_loader.load()
    print(docs)
    return docs
```

通过该方法，我们就可以把位于 DATA_PATH 这个文件目录下的 PDF 文档全部加载到系统中。我们如果把这些文档打印到控制台，那么会看到如代码清单 8-22 所示的效果。

代码清单 8-22　控制台的文档打印日志

```
[
Document(metadata={'source': 'data\\monopoly.pdf', 'page': 0}, page_content='...'),
Document(metadata={'source': 'data\\monopoly.pdf', 'page': 1}, page_content='...'),
Document(metadata={'source': 'data\\monopoly.pdf', 'page': 2}, page_content='...'),
Document(metadata={'source': 'data\\monopoly.pdf', 'page': 3}, page_content='...'),
Document(metadata={'source': 'data\\monopoly.pdf', 'page': 4}, page_content='...'),
Document(metadata={'source': 'data\\monopoly.pdf', 'page': 5}, page_content='...'),
Document(metadata={'source': 'data\\monopoly.pdf', 'page': 6}, page_content='...'),
Document(metadata={'source': 'data\\monopoly.pdf', 'page': 7}, page_content='...'),
Document(metadata={'source': 'data\\ticket_to_ride.pdf', 'page': 0}, page_content='...'),
Document(metadata={'source': 'data\\ticket_to_ride.pdf', 'page': 1}, page_content='...'),
Document(metadata={'source': 'data\\ticket_to_ride.pdf', 'page': 2}, page_content='...'),
```

```
Document(metadata={'source': 'data\\ticket_to_ride.pdf', 'page': 3}, page_content='...')
]
```

可以看到，这里 PyPDFDirectoryLoader 组件成功加载了 monopoly.pdf 和 ticket_to_ride.pdf 这两个文档，并实现了对内容的分页处理。

一旦获取了文档，就可以按照 RAG 的标准开发流程推进了。下一步就是对文件进行分割从而获取文本块（Chunk）。和 LangChain4j 和 LlamaIndex 框架一样，LangChain 也为我们提供了一组非常实用的文本分割器组件，其中比较有代表性的是 RecursiveCharacterTextSplitter。该文本分割器使用一串字符列表作为运行时参数，默认的字符列表是 ["\n\n", "\n", " ", ""]。RecursiveCharacterTextSplitter 会尝试按顺序分割这些字符，直到块足够小。我们可以通过如代码清单 8-23 所示的方式来实例化一个 RecursiveCharacterTextSplitter 对象。

代码清单 8-23　RecursiveCharacterTextSplitter 的使用方式

```
from langchain_text_splitters import RecursiveCharacterTextSplitter

text_splitter = RecursiveCharacterTextSplitter(
    separator="。",                  # 切割的标志字符
    chunk_size=100,                 # 切分的文本块大小，一般通过长度函数计算
    chunk_overlap=20,               # 切分的文本块重叠大小，一般通过长度函数计算
    length_function=len,            # 计算文本块的长度，确保它们不超过指定的 chunk_size
    is_separator_regex=False,       # 是否使用正则表达式作为分割标志
    add_start_index=True            # 是否在返回的文本块中添加起始索引，默认为 True
)
```

RecursiveCharacterTextSplitter 的执行逻辑是首先尝试使用较大的文本单元（如段落）进行分割，如果分割后的某个部分仍然过大，则进一步使用更小的单元（如句子）进行分割，直至达到期望的文本块大小。在案例系统中，我们可以借助 RecursiveCharacterTextSplitter 来实现如代码清单 8-24 所示的 split_documents 方法。

代码清单 8-24　split_documents 方法实现

```
def split_documents(documents: list[Document]):
    text_splitter = RecursiveCharacterTextSplitter(
        chunk_size=800,
        chunk_overlap=80,
        length_function=len,
        is_separator_regex=False,
    )
    return text_splitter.split_documents(documents)
```

我们知道，通过文本分割器获取的文本块会自动继承来自原始文档的一组元数据，如代表文档来源的"source"数据以及分割后的分页"page"数据。

2. 集成 LangChain 和 Chroma

现在，我们已经具备了一组被分割之后的文档，最后一步就是将它们都向量化并保存到向量数据库中。为此，我们需要选择一款向量数据库。在第 5 章构建简历匹配服务的过程中，我们引入了 Chroma 这款向量数据库来保存简历数据。为了方便演示，这里我们同样使用 Chroma 来保存向量数据。关于 Chroma 向量数据库的详细介绍可以回顾 5.2 节中相关内容。

当我们往向量数据库中添加新的文档时，需要考虑的点在于不要重复添加向量数据，也就是说要做到对向量数据的增量更新。如何做到这一点呢？基本思路就是把需要新插入的数据和数据库中已经存在的数据进行比对，从而过滤掉那些重复数据。而比对操作所使用的媒介通常就是目标数据的唯一性 ID，这一思路就像我们处理关系型数据库一样。在这里，为了实现数据比对，我们可以先设计如代码清单 8-25 所示的工具方法，该方法用于创建所需的唯一性 ID。

代码清单 8-25　创建文档唯一性 ID 的工具方法

```python
def calculate_chunk_ids(chunks):
    # 将创建格式为 source:page:chunk_index 的唯一性 ID，类似于 "xxx.pdf:5:3"

    last_page_id = None
    current_chunk_index = 0

    for chunk in chunks:
        source = chunk.metadata.get("source")
        page = chunk.metadata.get("page")
        current_page_id = f"{source}:{page}"

        # 如果 Page ID 与上一个相同，则增加索引
        if current_page_id == last_page_id:
            current_chunk_index += 1
        else:
            current_chunk_index = 0

        # 计算文本块 ID
        chunk_id = f"{current_page_id}:{current_chunk_index}"
        last_page_id = current_page_id

        # 将 ID 添加到元数据中
        chunk.metadata["id"] = chunk_id
    return chunks
```

这段代码的作用就是为每个文本块创建一个全局唯一的 ID，这个 ID 由三部分组成，即 source、page 和 chunk_index，其中 source 和 page 来自文本块自身的元数据，而 chunk_ index 相当于我们为每个文本块所创建的索引。我们把这 3 个部分组合在一起形成文本块的 ID 值，并添加到它的元数据中。

现在，我们已经具备了一组携带全局唯一性 ID 的文本块，那么就可以通过这个 ID 满足增量更新向量数据库的需求了，具体实现过程如代码清单 8-26 所示。

代码清单 8-26　基于全局唯一性 ID 实现数据的增量更新

```python
from get_embedding_function import embedding_function
from langchain_community.vectorstores import Chroma

def add_to_chroma(chunks: list[Document]):
    # 加载现有数据库
    db = Chroma(
        persist_directory=CHROMA_PATH, embedding_function=embedding_function()
    )

    # 计算 ID
    chunks_with_ids = calculate_chunk_ids(chunks)

    # 新增或更新文档
    existing_items = db.get(include=[])
    existing_ids = set(existing_items["ids"])
    print(f" 数据库中已存在的文档 : {len(existing_ids)}")

    # 只添加数据库中不存在的文档
    new_chunks = []
    for chunk in chunks_with_ids:
        if chunk.metadata["id"] not in existing_ids:
            new_chunks.append(chunk)

    if len(new_chunks):
        print(f" 添加新文档 : {len(new_chunks)}")
        new_chunk_ids = [chunk.metadata["id"] for chunk in new_chunks]
        db.add_documents(new_chunks, ids=new_chunk_ids)
        db.persist()
    else:
        print(" 没有新文档需要添加 ")
```

在上述代码中，我们在创建 Chroma 数据库时，除了指定数据库的存储位置以外，还传入了一个 embedding_function。embedding_function 的背后实际上是一个嵌入模型——SentenceTransformer 模型，实现过程如代码清单 8-27 所示。

代码清单 8-27　SentenceTransformer 嵌入模型的包装器定义

```python
from sentence_transformers import SentenceTransformer
```

```
class EmbeddingFunctionWrapper:
    def __init__(self, model):
        self.model = model

    def embed_query(self, query):
        """
        嵌入单个查询
        """

        return self.model.encode([query])[0].tolist()

    def embed_documents(self, documents):
        """
        嵌入一组文档
        """

        return self.model.encode(documents).tolist()

def embedding_function():
    model = SentenceTransformer('paraphrase-MiniLM-L6-v2')
    embedding_function = EmbeddingFunctionWrapper(model)
    return embedding_function
```

我们在第 5 章中已经介绍过 SentenceTransformer 模型，不妨回顾一下相关内容。接下来，我们获取了保存在 Chroma 中的向量数据以及它们的 ID 值，通过比对新插入的文本块，就可以做到只添加在现有数据库中不存在的文档。在保存文档时，我们需要同步设置它们的 ID 值。最后，我们调用 Chroma 的 persist 方法将文档持久化到数据库中。

现在，让我们第一次执行代码清单 8-18 所示的 main 方法，执行效果如代码清单 8-28 所示。

代码清单 8-28　第一次执行 main 方法的日志信息

数据库中已存在的文档：0
添加新文档：41

再次执行该方法，我们可以得到如代码清单 8-29 所示的日志信息。

代码清单 8-29　第二次执行 main 方法的日志信息

数据库中已存在的文档：41
没有新文档需要添加

从上述日志中可以看出，当前 Chroma 中已经存在 41 个向量化的文档。这些文档都是前面第一次执行过程中被保存到向量数据库中的。而因为再次执行文档加载的过程中并没有引入新的文档，所以系统会提示"没有新文档需要添加"。这样就实现了文档的增量更新机制。

3. 检索

基于上述增量更新的向量数据库，我们就可以对其执行检索操作了。Chroma 提供了一组搜索工具方法用于完成这一目标，常见的包括 similarity_search 和 similarity_search_with_score 方法。其中前者执行普通搜索，而如果需要获取相似度，则可以使用后者。示例代码如代码清单 8-30 所示。

代码清单 8-30　similarity_search_with_score 方法的调用示例

```
db = Chroma(persist_directory=CHROMA_PATH, embedding_function=embedding_
    function())

    # 搜索向量数据库
results = db.similarity_search_with_score(query_text, k=5)
print(results)
```

这里调用了 Chroma 的 similarity_search_with_score 方法来执行带有评分机制的检索。该方法的基本原理就是执行向量空间中的相似度计算。上述代码的执行效果如代码清单 8-31 所示。

代码清单 8-31　similarity_search_with_score 方法的执行效果

```
[
(Document(metadata={'id': 'data\\monopoly.pdf:0:0', 'page': 0, 'source':
    'data\\monopoly.pdf'}, page_content='...'), 28.035133366902706),
(Document(metadata={'id': 'data\\monopoly.pdf:7:2', 'page': 7, 'source':
    'data\\monopoly.pdf'}, page_content='...'), 35.48379492826761),
(Document(metadata={'id': 'data\\monopoly.pdf:1:2', 'page': 1, 'source':
    'data\\monopoly.pdf'}, page_content='...'), 36.94354125538671),
(Document(metadata={'id': 'data\\monopoly.pdf:3:0', 'page': 3, 'source':
    'data\\monopoly.pdf'}, page_content='...'), 37.951758325189935),
(Document(metadata={'id': 'data\\monopoly.pdf:2:0', 'page': 2, 'source':
    'data\\monopoly.pdf'}, page_content="..."), 38.44179103171522)
]
```

可以看到，我们按照评分排序获取了最相似的 5 个目标文档，并同步获取了文档的分页码以及具体的分值。

8.3.2　构建 MoA 架构的主流程

前面我们基于用户输入从向量数据库中获取了检索结果，这个检索结果实际上就是 MoA 架构的用户输入。在本节中，让我们来构建 MoA 架构的执行主流程。为了更好地展示 MoA 架构的执行过程，先来定义获取 MoA 架构生成结果的基本开发步骤：

①针对各个提议者模型，基于用户输入来调用模型。

②基于 MoA 架构的层级，再次根据用户输入调用模型，并整合第一步中的模型响应结果作为下一个模型的输入。

③针对聚合者模型执行调用，并整合第二步中的模型响应结果作为最终输入。

在完成这些步骤的过程中，我们需要集成多个模型，管理模型输入，并最终获取模型结果。

1. 执行模型

在案例系统中，我们将引入多个 LLM 模型，如代码清单 8-32 所示。

代码清单 8-32　引入多个 LLM 模型

```
proposer_models = [
    "Qwen/Qwen2.5-72B-Instruct-Turbo",
    "Qwen/Qwen2.5-7B-Instruct-Turbo",
    "databricks/dbrx-instruct",
]

aggregator_model = "mistralai/Mixtral-8x22B-Instruct-v0.1"
```

可以看到，这里引入了 3 个提议者模型和 1 个聚合者模型。针对多模型执行场景，我们可以引入 Together AI 来简化开发过程。Together AI 是一款只需几行代码就可以快速运行或者实现微调的开源模型，并以无服务器端点的方式托管了大量流行的模型，其中就包含前面提到的这 4 个模型。为了使用 Together AI，我们需要在其官网（https://api.together.xyz/）上注册一个账号并获取 API Key，如图 8-3 所示。

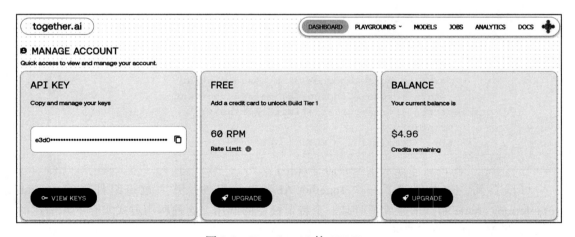

图 8-3　Together AI 的 API Key

现在，让我们设计一个通用的模型执行方法，为各个提议者模型和最后的聚合者模型提供调用入口，如代码清单 8-33 所示。

代码清单 8-33　基于 Together AI 的通用模型执行方法

```
from together import Together

api = "..."
client = Together(api_key=api)

def run_llm(model, user_prompt, prev_response=None):
    """ 执行一次单一的 LLM 调用，并考虑先前模型的响应结果和限流机制。"""
    messages = (
        [
            {
                "role": "system",
                "content": get_final_system_prompt(
                    aggregator_system_prompt, prev_response
                ),
            },
            {"role": "user", "content": user_prompt},
        ]
        if prev_response
        else [{"role": "user", "content": user_prompt}]
    )
    for sleep_time in [1, 2, 4]:
        try:
            response = client.chat.completions.create(
                model=model,
                messages=messages,
                temperature=0,
                max_tokens=512,
            )
            print("Model: ", model)

            print(response.choices[0].message.content)
            return response.choices[0].message.content
        except together.error.RateLimitError as e:
            print(e)
            time.sleep(sleep_time)
    return None
```

可以看到，这里创建了一个 Together AI 客户端组件，并通过该组件暴露的 chat. completions.create 端点来完成了对某一个特定模型的调用。这种调用方式实际上和前述的 OpenAI 模型的调用方式是非常类似的，并不会增加额外的学习成本。但是，这里的难点在于如何构建合适的输入消息，尤其是如何综合考虑先前模型的响应结果并设计合理的系统提示词。为此，我们引入了一个 get_final_system_prompt 方法来获取目标提示词，实现过程如代码清单 8-34 所示。

代码清单 8-34　获取聚合 Agent 提示词

```
def get_final_system_prompt(system_prompt, results):
    """构建一个针对 2 层及以上模型的系统提示词，并整合先前模型的响应结果。"""
    return (
        system_prompt
        + "\n"
        + "\n".join([f"{i+1}.{str(element)}" for i, element in enumerate(results)])
    )
```

上述方法的作用就是把一个系统提示词和先前模型的响应结果整合在一起，形成最终的提示词。这里使用的系统提示词定义如代码清单 8-35 所示。

代码清单 8-35　聚合 Agent 的系统提示词定义

```
aggregator_system_prompt = """你已经从各种开源模型获得了针对最新用户查询的一组响应。你的任务是将这些响应综合成一个单一的、高质量的回复。至关重要的是要批判性地评估这些响应中提供的信息，认识到其中一些信息可能是有偏见或不正确的。你的回复不应简单地复制给定的答案，而应提供一个精炼、准确和全面的回复来回应指令。确保你的回复结构良好、连贯，并遵循准确性和可靠性的最高标准。

模型的响应：
"""
```

并且，为了提高模型执行过程中的容错性，我们也在 run_llm 方法中集成了 Together AI 平台自身的限流机制，并通过重试机制来确保模型在平台限流之后还能够执行成功。

2. 执行 MoA

现在，让我们基于 MoA 架构的 3 个基本步骤来执行主流程，如代码清单 8-36 所示。

代码清单 8-36　执行 MoA 架构主流程

```
def moa_generate(user_prompt):
    """运行 MOA 流程的主循环，并返回最终结果。"""

    # 第一步：针对各个提议者模型，基于用户输入来执行调用
    results = [run_llm(model, user_prompt) for model in reference_models]

    # 第二步：基于 MoA 架构的层级，再次根据用户输入调用模型，并整合第一步中的模型响应结果作
    # 为下一个模型的输入
    for _ in range(1, layers - 1):
        results = [run_llm(model, user_prompt, prev_response=results) for
                   model in reference_models]

    # 第三步：针对聚合者模型执行调用，并整合第二步中的模型响应结果作为最终输入
    finalStream = client.chat.completions.create(
        model=aggregator_model,
```

```
        messages=[
            {
                "role": "system",
                "content": get_final_system_prompt(aggregator_system_prompt,
                    results),
            },
            {"role": "user", "content": user_prompt},
        ],
        stream=True,
    )

    final_response = ""
    for chunk in finalStream:
        final_response += chunk.choices[0].delta.content or ""
    print(final_response)
    return final_response
```

上述方法实际上执行起来比较简单，我们调用了前面已经构建的 run_llm 方法来完成各个步骤中的 LLM 调用，并获取了最终的流式响应结果。

现在，让我们执行如代码清单 8-37 所示的测试用例。

代码清单 8-37　测试 MoA 主流程

```
if __name__ == "__main__":
    user_prompt = "列举杭州的 3 个著名景点 ?"
    final_result = moa_generate(user_prompt)
    print(final_result)
```

这里我们针对杭州的 3 个著名景点对 MoA 进行了对话，执行结果如代码清单 8-38 所示。

代码清单 8-38　MoA 主流程测试结果日志

```
Model:  Qwen/Qwen2.5-72B-Instruct-Turbo
杭州是一座历史悠久、风景秀丽的城市，拥有众多著名的旅游景点。以下是杭州三个非常著名的景点：
1. ** 西湖 **...
2. ** 灵隐寺 **...
3. ** 宋城 **...

Model:  Qwen/Qwen2.5-7B-Instruct-Turbo
杭州是中国浙江省的省会，以其美丽的自然风光和丰富的历史文化遗产而闻名。以下是杭州的三个著名
    景点：
1. ** 西湖 ** ...
2. ** 灵隐寺 ** ...
3. ** 宋城 ** ...

Model:  databricks/dbrx-instruct
```

杭州的三个著名景点是西湖、灵隐寺和六和塔。

西湖 ...

灵隐寺 ...

六和塔 ...

请问您对这三个景点有什么了解吗？

```
Model:  Qwen/Qwen2.5-72B-Instruct-Turbo
```
杭州作为中国浙江省的省会，以其美丽的自然风光和丰富的历史文化遗产而闻名。以下是杭州三个非常著名的景点：

1. ** 西湖 ** ...

2. ** 灵隐寺 ** ...

3. ** 六和塔 ** ...

```
Model:  Qwen/Qwen2.5-7B-Instruct-Turbo
```
杭州是中国浙江省的省会，以其美丽的自然风光和丰富的历史文化遗产而闻名。以下是杭州的三个著名景点：

1. ** 西湖 ** ...

2. ** 灵隐寺 ** ...

3. ** 宋城 ** ...

```
Model:  databricks/dbrx-instruct
```
1. 西湖 ...

2. 灵隐寺 ...

3. 宋城 ...

```
Model:  mistralai/Mixtral-8x22B-Instruct-v0.1
```
杭州是中国浙江省的省会，以其美丽的自然风光和丰富的历史文化遗产而闻名。以下是杭州的三个著名景点：

1. ** 西湖 ** ...

2. ** 灵隐寺 ** ...

3. ** 六和塔 ** 或 ** 宋城 **：这两个景点都是杭州的重要地标。...

可以看到，不同的模型针对同一个问题会有不同的输出。当我们运行第一步的独立模型时，Qwen/Qwen2.5-72B-Instruct-Turbo、Qwen/Qwen2.5-7B-Instruct-Turbo 的输出包含"宋城"，而 databricks/dbrx-instruct 的输出则包含"六和塔"。而当我们执行第二步的 MoA 多层结构的模型时，每个模型的输入因为受到第一步结果的影响而有所不同。最后，当我们执行聚合模型时，你会发现模型的输出中同时包含了"六和塔"和"宋城"这两个景点。通过这个简单的示例，我们可以看到 MoA 架构的基本效果。

8.3.3　整合 MoA 架构、Agent 与向量数据

在本节中，我们尝试将文档嵌入向量和 MoA 架构整合在一起，并引入 AgentExecutor 组件来构建更加灵活、也更加符合现实场景的混合检索应用。

1. 创建 Agent

前面我们已经详细讨论了 Agent 机制，并分析了 Tool 组件在 Agent 执行过程中的作用。同时，我们也基于 LlamaIndex 框架给出了该框架内置 Agent 的应用方法以及实现一个自定义 Agent 的开发过程。LangChain 同样为开发人员提供了一套强大的 Agent 运行机制。我们可以遵循如下步骤来实现一个 Agent：

①定义 Tool。

②绑定 Tool 到 LLM。

③创建提示词。

④组装 AgentExecutor。

接下来，我们将借助 LangChain 框架，围绕以上步骤来实现一个自定义的 Agent。

（1）定义 Tool

OpenAI 是第一个引入 Tool 功能的公司，该功能被他们称为函数调用。随后，其他模型提供商如 Gemini、Mistral 等也纷纷推出了各自的 Tool 组件。针对这些 Tool，LangChain 推出了一个全新的标准接口，旨在统一不同模型提供商的 Tool 调用方式。这意味着，无论使用哪个平台的模型，如 OpenAI、Anthropic、Gemini，都可以通过一个统一的接口来管理和调用 Tool。

现在假设我们有"add"和"subtract"这两个 Tool 组件，分别用来对数字执行加法和减法操作，它们的实现方式如代码清单 8-39 所示。

代码清单 8-39　基于 @tool 装饰器定义 Tool 组件

```
@tool
def add(x: float, y: float) -> float:
    """Add 'x' to the 'y'."""
    return x**y

@tool
def subtract(x: float, y: float) -> float:
    """Subtract 'x' from 'y'."""
    return y-x
```

可以看到这里用了 @tool 装饰器。通过装饰器来定义 Tool 是 LangChain 中最简单的方式，此时既可以使用默认函数名来作为 Tool 的名称，也可以传入一个 string 类型的参数来设置名称。此外，装饰器会使用函数的注释作为 Tool 的描述，所以函数必须得定义注释。当然，如果不想使用 @tool 装饰器，还可以通过继承 BaseTool 的方式来创建一个 Tool，这里不展开介绍了。

（2）绑定 Tool 到 LLM

接下来，我们就可以定义一个 LLM 对象，并将该对象与 Tool 组件绑定在一起，如代码清单 8-40 所示。

代码清单 8-40　绑定 LLM 对象和 Tool 组件

```
llm = OpenAI()
llm_with_tools = llms.bind([add, subtract])
```

利用 LLM 的 bind 方法，可以将 Tool 附加到模型调用上。同时，可以传递一个 Tool 组件列表，从而告诉模型哪些工具是可用的。

现在，我们可以通过 llm_with_tools 的 invoke 方法来发起对 Tool 的调用，示例代码如代码清单 8-41 所示。

代码清单 8-41　通过 invoke 方法调用 Tool 组件

```
response = llm_with_tools.invoke([
    ("system","You're a helpful assistant"),
    ("human","What is the sum of 1 and 2? ")
])
print(response.tool_calls)
```

这里打印了 AIMessage 中的 tool_calls 属性。如果有任何 Tool 被调用，该属性将被填充，并且构建一个 ToolCall 数据结构，示例如代码清单 8-42 所示。

代码清单 8-42　tool_calls 属性的数据结构

```
{
    'tool_calls':[
        {
            'name': 'exponentiate',
            'args': {'y':1, 'x': 2},
            'id': '54c166b2-f81a-481a-9289-eea68fc84e4f'
        }
    ]
}
```

也就是说，无论我们使用的是 Anthropic、OpenAI、Gemini 哪个平台的模型，只要执行 Tool 调用，就会通过 AIMessage 的 tool_calls 属性生成标准的数据结构。

（3）创建提示词

OpenAI 模型的函数调用功能已经针对 Tool 的使用方式进行了微调，开发人员几乎不需要添加任何关于如何推理或如何输出格式的说明，只需要设置两个输入变量，即 input 和 agent_scratchpad。其中，input 是包含用户输入的字符串；agent_scratchpad 是消息序列，包含先前的 Tool 调用和相应的 Tool 输出。想要创建包含这两个输入变量的提示词，我们可以采用如代码清单 8-43 所示的实现方式。

代码清单 8-43　创建包含 input 和 agent_scratchpad 变量的提示词

```
from langchain_core.prompts import ChatPromptTemplate, MessagesPlaceholder
```

```
prompt = ChatPromptTemplate.from_messages(
    [
        (
            "system",
            "You are very powerful assistant, but don't know current events",
        ),
        ("user", "{input}"),
        MessagesPlaceholder(variable_name="agent_scratchpad"),
    ]
)
```

这里使用 MessagesPlaceholder 来插入 agent_scratchpad 所包含的消息队列信息。

（4）组装 AgentExecutor

有了包含一组 Tool 组件的 LLM 对象 llm_with_tools 之后，下一步就可以用它来定义一个 Agent 对象了。为此，我们将采用两个工具组件：format_to_openai_function_messages 组件用于将 Agent 的中间执行步骤格式化为适合发送给模型的输入消息；OpenAIFunctionsAgentOutputParser 组件用于将输出消息转换为 Agent 行为和结束状态。定义 Agent 的示例代码如代码清单 8-44 所示。

代码清单 8-44　定义 Agent 的示例代码

```
from langchain.agents.format_scratchpad import format_to_openai_function_messages
from util_output_parser import OpenAIFunctionsAgentOutputParser

agent = (
    {
        "input": lambda x: x["input"],
        "agent_scratchpad": lambda x: format_to_openai_tool_messages(
            x["intermediate_steps"]
        ),
    }
    | prompt
    | llm_with_tools
    | OpenAIToolsAgentOutputParser()
)
```

这里使用了 Python 中的 Lambda 表达式，同时充分利用 LangChain 的表达式语言 LCEL 来简化 Agent 的定义过程。

当定义了 Agent 之后，要做的事情是创建一个 AgentExecutor 执行器对象，并通过它的 invoke 方法来触发对 Agent 的调用，实现过程如代码清单 8-45 所示。

代码清单 8-45　通过 invoke 方法触发对 Agent 的调用

```
from langchain.agents import AgentExecutor

agent_executor = AgentExecutor(agent=agent, tools=tools, verbose=True)
response_text = agent_executor.invoke(...)
```

可以认为 AgentExecutor 提供了 Agent 的运行环境，它调用 Agent 并执行 Agent 选择的操作。此外，AgentExecutor 也负责处理多种复杂情况，包括 Agent 选择了无效 Tool 的情况、Tool 调用出错的情况、Agent 的输出无法成功调用 Tool 的情况，并且在 Agent 决策和 Tool 调用的过程中负责观察和记录日志。

前面已经实现了 Agent，但是没有保存状态，导致聊天时无法记录之前交互的内容。这时候，我们可以在 Agent 的执行过程中添加聊天历史。为此，我们需要在提示词中添加记忆变量，并跟踪聊天历史。实现过程如代码清单 8-46 所示。

代码清单 8-46　在 Agent 的执行过程中添加聊天历史

```
chat_history = []
agent = (
    {
        "input": lambda x: x["input"],
        "agent_scratchpad": lambda x: format_to_openai_tool_messages(
            x["intermediate_steps"]
        ),
        "chat_history": lambda x: x["chat_history"],
    }
    | prompt
    | llm_with_tools
    | OpenAIToolsAgentOutputParser()
)
agent_executor = AgentExecutor(agent=agent, tools=tools, verbose=True)
```

在 Agent 运行时，我们需要记录模型的输入和输出，实现过程如代码清单 8-47 所示。

代码清单 8-47　记录 Agent 运行过程中的输入和输出

```
input1 = "..."
result = agent_executor.invoke({"input": input1, "chat_history": chat_history})
chat_history.extend(
    [
        HumanMessage(content=input1),
        AIMessage(content=result["output"]),
    ]
)
agent_executor.invoke({"input": "...", "chat_history": chat_history})
```

至此，我们已经成功创建了一个 Agent 组件。那么，如何把 Agent 的执行过程与 MoA 架构整合在一起呢？我们可以创建一个自定义的 LLM 来实现这一目标，一起来看一下。

2. 构建自定义 LLM

在构建自然语言处理相关应用时，使用现有的 LLM 能够轻松集成各种模型库。然而，如果想要使用定制化的 LLM 或与 LangChain 不兼容的 LLM 包装器，那么创建一个自定义 LLM 类将是一个不错的解决方案。在接下来的案例中，实现 MoA 架构需要的不是一个普通的 LLM，而是一个自定义的 LLM。因此，我们将讨论如何实现自定义 LLM，从而把 MoA 架构和 Agent 的执行过程整合在一起。

在 LangChain 中，一个自定义 LLM 类需要继承 LLM 类，并实现如下两个核心方法：

❑ _call：处理输入字符串并返回处理后的输出。

❑ _llm_type：返回模型类型，用于日志记录。

此外，还有一些可选的方法，包括：

❑ _identifying_params：返回模型的标识参数。

❑ _acall：异步实现 _call 方法。

❑ _stream：按令牌流式输出。

❑ _astream：异步实现 _stream 方法。

让我们通过一个简单的示例来进一步理解上述方法。我们构建一个自定义的 LLM，该 LLM 会返回输入字符串的前 n 个字符，实现过程如代码清单 8-48 所示。

代码清单 8-48　构建自定义 LLM

```python
from typing import Any, List, Mapping, Optional
from langchain.callbacks.manager import CallbackManagerForLLMRun
from langchain.llms.base import LLM

# 定义一个名为 CustomLLM 的子类，继承自 LLM 类
class CustomLLM(LLM):
    # 类的成员变量，类型为整型
    n: int

    # 指定该子类对象的类型
    @property
    def _llm_type(self) -> str:
        return "custom"

    # 重写基类方法，根据用户输入的 prompt 来响应用户，返回字符串
    def _call(
        self,
        prompt: str,
        stop: Optional[List[str]] = None,
        callbacks: Optional[CallbackManagerForLLMRun] = None,
        **kwargs: Any,
    ) -> str:
        if stop is not None:
            raise ValueError("stop kwargs are not permitted.")
        return prompt[: self.n]

    # 返回一个字典类型，包含 LLM 的唯一标识
```

```
@property
def _identifying_params(self) -> Mapping[str, Any]:
    return {"n": self.n}
```

上述 CustomLLM 类的结构虽然比较简单，但已经包含了构建一个完整 LLM 所需的所有核心代码。如果我们想要构建一个集成了 MoA 主流程的 LLM，则可以采用如代码清单 8-49 所示的实现方式。

代码清单 8-49　集成 MoA 主流程的自定义 LLM

```
class TogetherLLM(LLM):
    def __init__(self):
        super().__init__()
        print("construct MOA")

    @property
    def _llm_type(self) -> str:
        return "MOA"

    def moa_completion(self, messages):
        // 调用 MoA 架构获取响应结果
        return moa_generate(messages)

    def _call(
            self,
            prompt: str,
            stop: Optional[List[str]] = None,
            callbacks: Optional[CallbackManagerForLLMRun] = None,
            **kwargs: Any,
    ) -> str:
        try:
            logging.info("Making API call to Together endpoint.")
            messages = prompt
            logging.info(f"input_prompt{prompt}")
            response = self.moa_completion(messages)
            logging.info(f"moa_completion response: {response}")
        except Exception as e:
            logging.error(f"Error in TogetherLLM _call: {e}", exc_info=True)
            raise

        return response
```

可以看到，这个 TogetherLLM 实际上并没有什么特殊之处，我们只是简单地调用了前面已经构建的 moa_generate 方法而已。通过这种方式，我们就可以在使用 LLM 的过程中触发对 MoA 架构的调用。

3. 整合向量数据

现在，我们已经完成了 MoA 流程的构建，并通过一个 Agent 组件把 LLM 和 MoA 流程整合在一起。接下来就要考虑整个业务流程的输入和输出了。在这个案例中，我们将使用前面已经构建的文档嵌入向量作为交互时的输入。为此，我们可以定义一个如代码清单 8-50 所示的查询方法，用来实现与整合向量数据的 Agent 的交互。

代码清单 8-50　整合向量数据的 Agent 实现

```
def query_rag(query_text: str):
// 从向量数据库中获取文档嵌入向量
    db = Chroma(persist_directory=CHROMA_PATH, embedding_function=embedding_function())
    results = db.similarity_search_with_score(query_text, k=5)
    context_text = "\n\n---\n\n".join([doc.page_content for doc, _score in
        results])

    llms = TogetherLLM()
    llm_with_tools = llms.bind(functions=[])

    agent = (
        {
            "input": lambda x: x["user"],
            "assistant": lambda x: x["assistant"],
            "agent_scratchpad": lambda x: format_to_openai_function_messages(
                x["intermediate_steps"]
            ),
        }
        | get_prompt()
        | llm_with_tools
        | OpenAIFunctionsAgentOutputParser()
    )
    agent_executor = AgentExecutor(agent=agent, tools=[], verbose=True)
    response_text = agent_executor.invoke({"assistant": context_text, "user": query_text})

    print(response_text['output'])
    return response_text
```

上述代码基本是自解释型的。我们基于 Agent 构建了一个 AgentExecutor 执行器组件，并传入了用户的原始输入以及从向量数据库中获取的增强数据。当执行 AgentExecutor 的 invoke 方法时，我们将调用 MoA 架构实现多模型的交互处理。

8.4　本章小结

本章探讨了混合 Agent 架构，这是一种集合多个 LLM 优势以提升自然语言处理性能的架构。MoA 采用多层架构，每层包含多个 LLM Agent，分为提议者和聚合者两种角色，分别负责生成参考响应和整合响应结果。并且，本章详细介绍了 MoA 架构的组成部分，并使用 LangChain4j 和 LangChain 这两个开发框架来实现 MoA 架构。对于 LangChain4j 框架而言，通过案例分析，我们展示了如何将 MoA 与工作流结合，实现更灵活的混合检索应用。而对于 LangChain 而言，我们讨论了如何创建自定义 LLM 以集成到 MoA 流程中，并展示了如何将文档嵌入向量与 MoA 架构融合，以构建更强大的 LLM 应用。